网络异常行为检测与安全防御关键技术及应用

刘 旭 底晓强 任正玮 杨华民 刘维友 著

国防工业出版社

·北京·

内 容 简 介

本书围绕网络安全这一热点研究方向展开，对相关理论和技术问题进行了较为全面的分析和介绍，系统分析了国内外在该领域的研究现状，重点论述了作者们在该领域的研究成果。既包括网络流量处理、网络日志分析、异常检测模型、异常响应策略，又研究了机器学习模型、常用的开源数据和部分安全技术在云计算场景的应用，兼具理论分析严谨，研究验证科学，以短小精炼的篇幅阐明了网络异常行为检测和安全防御技术不同研究方向和核心内容，有助于从事网络流量分析和网络日志分析的研究人员学习与使用。

本书面向对网络安全领域感兴趣的读者，可指导解决网络安全相关科研项目中遇到的问题，适合于网络安全产业界和学术界相关科研工作者或者工程技术初学者阅读，可作为计算机、人工智能等相关专业的本科生、研究生以及科研人员的参考书。

图书在版编目(CIP)数据

网络异常行为检测与安全防御关键技术及应用/刘旭等著. —北京：国防工业出版社，2024.4
 ISBN 978-7-118-13202-1

Ⅰ.①网… Ⅱ.①刘… Ⅲ.①计算机网络—网络安全—研究 Ⅳ.①TP393.08

中国国家版本馆 CIP 数据核字(2024)第 064667 号

※

*国防工业出版社*出版发行

(北京市海淀区紫竹院南路 23 号 邮政编码 100048)
天津嘉恒印务有限公司印刷
新华书店经售

*

开本 710×1000 1/16 插页 4 印张 10 字数 176 千字
2024 年 4 月第 1 版第 1 次印刷 印数 1—1600 册 定价 89.00 元

―――――――――――――――――――――――――――――
(本书如有印装错误，我社负责调换)

国防书店：(010)88540777 　　书店传真：(010)88540776
发行业务：(010)88540717 　　发行传真：(010)88540762

前言

没有网络安全就没有国家安全,就没有经济社会稳定运行,广大人民群众利益也难以得到保障。网络异常行为检测是维护网络安全的一道重要防线。随着人工智能技术的出现,网络异常行为检测和网络安全防御关键技术也在逐渐更新。但是,目前应用机器学习开展网络异常行为检测和发现异常行为后的被动式防御仍面临网络异常行为检测的误报率高、漏报率高、准确率低和网络安全主动防御难等挑战。为此,迫切地需要建立网络安全屏障,结合具体的应用场景特点提出解决方案。

本书基于多年的网络安全科研项目研究经验,从网络异常行为检测以及发现异常后的安全防御角度渐进式地开展论述,总结了当前的网络安全风险以及安全防御技术存在的挑战,深入分析了作者们在相关领域的重要研究成果。本书从数据挖掘技术的角度出发,研究了攻击知识提取、特征表征和不平衡分类等异常检测方法,复杂序列检测中的日志解析、日志语义提取和日志分布特征表征等数据挖掘策略;既研究了普通的异常行为发现,又研究了序列化的异常行为检测,以及发现网络异常后的安全防御策略和在不同网络场景下的安全响应应用探索。

本书由刘旭主持撰写,底晓强、任正玮、杨华民、刘维友对全书进行了审校。第1章和第8章由刘旭和杨华民联合撰写,第2章由任正玮撰写,第3章和第4章由刘旭和刘维友联合撰写,第5~7章由刘旭和底晓强联合撰写。

在本书的著作过程中,我们参考了大量的研究文献、学术著作和研究报告等,受益匪浅,为本书的撰写奠定了宝贵的基础。同时,感谢长春理工大学计算机科学技术学院的领导和同事、吉林省网络与信息安全重点研究室的全体教师和同学的指导和帮助。最后,感谢以及国防工业出版社的大力支持!

本书的部分研究由吉林省科技厅自然科学基金项目(YDZJ202201ZYTS417)、吉林省教育厅科学技术研究项目(JJKH20220773KJ)、吉林省高教科研课题《高校智慧校园建设的网络安全研究》(JGJX2023C20)资助。

由于时间仓促和技术水平的限制,书中难免有疏漏与不足之处,敬请读者批评指正。

作者

2024 年 1 月

目录

第1章 绪论 ... 001
1.1 研究背景 ... 001
1.1.1 互联网安全 ... 001
1.1.2 云安全 ... 002
1.2 网络安全相关技术 ... 003
1.2.1 网络异常的基本概念 ... 003
1.2.2 网络安全防御技术 ... 004
1.3 国内外研究现状与趋势 ... 005
1.3.1 日志预处理 ... 005
1.3.2 网络流量预处理 ... 010
1.3.3 异常检测 ... 013
1.3.4 网络安全优化 ... 020
1.3.5 常用的开源数据集 ... 023
1.4 本书内容及章节安排 ... 031

第2章 交叉学科理论 ... 034
2.1 云计算 ... 034
2.1.1 云计算特点 ... 034
2.1.2 云安全 ... 034
2.1.3 云容灾 ... 035
2.2 自然语言处理 ... 035
2.2.1 正则表达式 ... 036
2.2.2 词嵌入 ... 036
2.3 机器学习 ... 039
2.3.1 基于聚类的算法 ... 039
2.3.2 基于分类的算法 ... 039
2.3.3 基于集成的算法 ... 040

- 2.4 深度学习 ··· 040
  - 2.4.1 卷积神经网络 ·· 040
  - 2.4.2 循环神经网络 ·· 041
- 2.5 博弈论 ··· 043
  - 2.5.1 基本概念 ·· 043
  - 2.5.2 博弈要素 ·· 044
  - 2.5.3 博弈的分类 ·· 045
  - 2.5.4 博弈理性模型 ·· 046

第3章 基于网络流量的异常行为检测 ·· 048

- 3.1 流量特征表征 ··· 048
  - 3.1.1 直接转换 ·· 049
  - 3.1.2 数据空间转换 ·· 050
  - 3.1.3 合并转换 ·· 050
  - 3.1.4 组合转换 ·· 051
- 3.2 基于空域知识的异常检测应用 ·· 051
  - 3.2.1 特征预处理 ·· 052
  - 3.2.2 图像表示 ·· 056
  - 3.2.3 异常检测模型建立 ··· 058
  - 3.2.4 分析讨论 ·· 060
- 3.3 基于频域知识的异常检测应用 ·· 061
  - 3.3.1 数据预处理 ·· 061
  - 3.3.2 数据表征 ·· 062
  - 3.3.3 异常检测模型建立 ··· 065
  - 3.3.4 分析讨论 ·· 066
- 3.4 基于数据增强的稀有异常检测应用 ································ 066
  - 3.4.1 网络流量增强 ·· 070
  - 3.4.2 异常分类模型建立 ··· 074
  - 3.4.3 显著性测试分析 ··· 077
  - 3.4.4 分析讨论 ·· 078

第4章 基于网络日志的异常序列检测 ·· 079

- 4.1 日志解析 ·· 079
  - 4.1.1 解析的主要流程 ··· 080
  - 4.1.2 日志预处理 ·· 080

  4.1.3 日志合并 ··· 081
  4.1.4 解析有效性评估 ·· 084
 4.2 基于语义特征的异常序列检测应用 ································ 086
  4.2.1 日志语义建模 ··· 088
  4.2.2 序列数据构建 ··· 093
  4.2.3 时序分类模型建立 ······································ 096
  4.2.4 分析讨论 ··· 099
 4.3 基于分布特征的异常序列检测应用 ································ 100
  4.3.1 日志收集及解析 ·· 102
  4.3.2 日志序列表征 ··· 103
  4.3.3 序列检测模型建立 ······································ 106
  4.3.4 分析讨论 ··· 107

第5章 面向攻击行为的最优安全响应 ································ 108
 5.1 安全攻防博弈建模 ··· 109
 5.2 单目标优化模型 ··· 110
 5.3 多目标优化模型 ··· 113
 5.4 分析讨论 ·· 116

第6章 有限网络安全资源的优化配置 ································ 117
 6.1 Stackelberg 博弈模型 ··· 121
 6.2 QR 行为模型 ··· 122
 6.3 均衡策略求解算法 ··· 124
 6.4 分析讨论 ·· 131

第7章 云容灾的最优数据备份策略 ································ 132
 7.1 云容灾场景模型 ··· 132
 7.2 攻防博弈收益 ··· 133
 7.3 博弈均衡 ·· 137
 7.4 分析讨论 ·· 139

第8章 总结 ·· 140

参考文献 ··· 142

第1章 绪论

1.1 研究背景

1.1.1 互联网安全

网络在信息超载的现代社会的各个方面都发挥着至关重要的作用[1]。维持社会良好运转和活力的机制包括有效执行金融交易、商务流程、政府服务的顺利运行以及广泛的媒体社交等活动,这些都依赖大型网络计算机系统。互联网为所有以计算机为媒介的活动提供了基础,它由数百万个相互连接的计算机系统组成,由数千个不同的网络组成,为世界各地的网络用户实现信息实时共享、面对面地交流互动、远程控制等功能提供了互动平台。人们可以在手机、平板电脑、笔记本电脑等不同的移动终端产品上通过连接移动网络、宽带网络来工作、生活、娱乐,如浏览新闻、访问网站、观看视频、购物等。据中国互联网络信息中心(China Internet Network Information Center,CNNIC)2021年2月3日发布的《第47次中国互联网发展状况统计报告》统计,截至2020年12月,我国互联网用户规模为9.89亿,已占全球网民的1/5;互联网普及率达70.4%,高于全球平均水平[2]。

但是,互联网技术在推动社会进步发展的同时,也给一些别有用心的黑客和网络攻击者创造了条件。据《第47次中国互联网发展状况统计报告》统计,截至2020年12月,38.3%的网民表示过去半年在上网过程中遭遇过网络安全问题[2]。据国家互联网应急中心(National Internet Emergency Center,CNCERT)2021年5月公布的《2020年我国互联网网络安全态势综述》统计,2020年,抽样监测发现我国境内峰值超过1Gb/s的大流量分布式拒绝服务(DDoS)攻击事件中,94.4%的攻击时长不超过30min,攻击倾向最优化资源,利用大流量攻击瞬时打瘫攻击目标;2020年3—7月,高级持续性威胁(Advanced Persistent Threat,APT)攻击组织"响尾蛇"隐蔽控制我国某重点高校主机,持续窃取多份文件[3]。

层出不穷的网络威胁、攻击事件和异常行为愈演愈烈,网络安全逐渐成为社会关注的热点,越来越受到国家的重视。习近平总书记在中央网络安全和信息化领导小组第一次会议上讲话中提出"没有网络安全就没有国家安全"。国家互联网应急中心曾指出:通过加强网络安全核心技术攻关,强化威胁预测、威胁感知和威胁防御来提高我国网络空间安全保障的能力势在必行;利用机器学习、人工智能等新技术开展相关研究,实现网络攻击事件的快速发现与场景还原,实现对重大网络攻击事件的提前预警,以及确保受到网络攻击时能第一时间高效处置意义重大。

1.1.2 云安全

网络改变着人们的生活,有力地推动了社会的发展和进步。云计算正在通过网络向个人用户和企业用户提供方便快捷的按需服务。在我国,继无锡之后,北京、上海等城市也启动了云计算发展计划,电信、能源交通、电力等多个行业领域也在启动行业内部云计算中心建设,2016年11月国务院发布的《"十三五"国家战略性新兴产业发展规划》继续促进基于云计算模式的创新,加大对云计算的支持力度;"联邦云计算战略"的实施使美国政府成为云计算的重要用户,美国中央情报局计划在未来10年斥资6亿美元使用亚马逊云服务;2014年,韩国政府向云计算领域投资了6146亿韩元(约合36亿元人民币),2017年前750项政府服务应用云计算技术,超过60%的电子政务都能够转向云计算。截至2016年11月,美国90%的初创企业都将公共云服务作为信息技术(IT)基础架构的首选。由此可见,云服务作为平台和管道已经把政府、大量的企业连接到云端,越来越多的数据存储在云端。

云计算具有按需服务、网络开放的特点,用户可以随时随地通过互联网访问云服务,云端的数据资源规模快速增长;云端存储的海量数据资源吸引了大量的黑客和攻击者的注意力,云安全面临的隐患日益凸现。2015年12月乌克兰当地的城市电力系统遭到黑客组织的APT攻击导致成百上千居民家中停电,城市陷入恐慌,损失惨重;截至2016年7月美国国家税务局(IRS)因为黑客攻击导致数据泄露,大约70万名美国公民账号的登录权限被盗。大规模的云服务一旦被黑客攻击,就会导致服务中断,不仅许多客户公司系统无法正常运转,而且也会给云服务提供商带来巨大的经济损失。2014年,微软在计算方面,Azure出现92次宕机,总宕机时长39.77h,其存储平台出现141次宕机,总宕机时长10.97h。可见,保护云端数据和系统的安全有着重大的意义。

目前,为了有效地防御云计算机环境下的APT等攻击,事故发生前监测预警、事故发生时运营监控和事故发生后应急处置是攻击检测系统常用的安全维护方法,主要的技术有动态行为分析技术、异常流量监测和攻击时间关联分析技术等。

但是,这些程序应用在云计算环境中时没有考虑云提供商的收益情况。所以,部分学者开始应用博弈论从经济角度研究安全问题,博弈论是研究竞争或冲突情形下参与主体的最优策略的一种数学分析工具。例如:1928 年,冯·诺依曼证明了博弈论的最小最大原理,宣告了博弈论的诞生;20 世纪 50 年代,纳什给出了纳什均衡的概念和均衡存在定理[4-5];2006 年,Milind Tambe 团队首次将博弈论引入安全领域解决安全资源分配问题,将多主机系统之间的安全冲突模拟为博弈问题,通过对博弈问题的分析得到维护多主机系统安全的建议[6]。本书旨在云安全的领域中引入博弈方法,为云提供商提供维护安全的建议。

1.2 网络安全相关技术

1.2.1 网络异常的基本概念

异常(anomaly)通常指与预定义的正常模式不同的数据模式,或者与预定义的异常模式相同或相似的数据模式。异常可能发生在各种场景,例如信用卡诈骗业务、钓鱼诈骗、虚假中奖信息诈骗、DDoS 攻击等。异常行为按照数据的具体形式表现为以下三种类别[7]:

(1)点异常。当某个观察值偏离合法轮廓时就会出现点异常,在统计方法中称为异常值。例如,正常情况下,中央处理器(CPU)的全速工作温度不超过 75℃,如果突然某个时刻 CPU 的温度超过 100℃,这很可能就是一个点异常。

(2)上、下文异常。当数据模式在特定的上、下文中异常,并且表现为与大多数正常活动不同的相关行为时,就会出现上、下文异常。例如,在考试前后考生访问考试网站的频率要高于平常的访问频率。虽然访问频率很高,但这是正常现象,因为高频访问在本质上是符合考试期间考生行为的。如果在非考试阶段,同样高的访问频率可能被视为一种异常现象。

(3)集体异常。当一组相似的数据实例与正常网络的整个数据模式明显不同时,就会发生集体异常[8]。单个数据本身可能并不是异常的,但是它存在于异常集合中,因此被标定为异常数据。例如,多数服务器的带宽资源的长时间高消耗被认为可能与拒绝服务(DoS)攻击相关,但是某一台服务器的高带宽资源消耗通常不被认为是异常的。

同时,异常行为也可以按照具体的攻击类型划分,在 KDD99、NSL-KDD、UNSW-NB15 等一些公开的异常行为检测数据集中常见的攻击类型如下[9]:

(1)拒绝服务。拒绝服务是攻击者试图通过消耗计算机系统的可用带宽或资源来阻止对网站的合法访问的一种攻击。当许多计算机系统被部署僵尸网络时,则称为分布式拒绝服务攻击(DDoS)[10]。这些网络攻击的数量一直在增加,各种类型的分布式拒绝服务攻击发送超过100Gb/s时,则对计算机网络构成严重的漏洞威胁[11]。

(2) 探测。探测(probe)攻击用来收集目标网络或主机的信息,具有侦察目的。通常作为实际攻击的第一步,探测攻击本身没有危害,但是在收集到有价值的信息后,攻击者会根据收集的信息发动更严重的攻击。

(3) 用户到根 U2R。U2R(user to root)是指攻击者获取管理员账户来操纵或者滥用重要资源,为实现这一目的,通常使用社会工程学的方法或者密码嗅探,得到一个普通账户,然后利用漏洞获取超级用户权限。

(4) 远程到本地 R2L。R2L(remote to local)是指攻击者获取目标机器的本地使用权,攻击者有权通过网络向目标主机发送数据包。攻击者会使用自动化脚本,采用暴力破解等方法破译密码,一些复杂的攻击会安装嗅探工具获得密码。

(5) 暴力破解攻击。暴力破解攻击(brute force)试图通过尝试所有预定义的用户名和密码组合来非法获取真实的用户名和密码,进而访问网络服务,自动应用程序常用来猜测用户名和密码组合。为了预防此类攻击,网络管理员可以限制登录尝试次数,并为网络流量异常的客户端生成黑名单。这将导致在多次登录失败后阻止获取IP地址,并限制对特定IP地址的访问[12]。

(6) 后门攻击。后门攻击(backdoor)可以定义为一种技术,它通过自然地响应特定构造的客户端应用程序,将计算机暴露给远程访问者。其中一些后门攻击使用互联网中继聊天(Internet Relay Chat,IRC)主干网,并通过IRC网络从IRC聊天客户端接收命令[13-14]。经常被用作目标入侵的一部分,这些入侵可以被定制,以逃避安全检测,并提供一个隐蔽的入口点。

(7) 僵尸网络。僵尸网络(botnet)表示被劫持的计算机系统,这些系统由一个或多个恶意行为体远程操作,它们通过命令和控制(command and control,C&C)方式协调其活动。当攻击者通过DDoS攻击发送垃圾邮件或实施欺诈性僵尸网络来渗透其目标网络时,网络经常会受到试图暴露其计算机系统和设备的攻击[15]。

按照 M. Ahmed 等[16]对网络异常行为和攻击特点的分析,U2R 和 R2L 归为点异常类型,DoS 归为集合异常,probe 归为上下文异常。本书的异常行为检测相关研究利用二分类模型检测非正常的用户行为,并利用多分类模型检测已知的特定类型攻击。

1.2.2 网络安全防御技术

网络安全泛指维护网络安全运行,保障网络不受攻击,提升网络安全防护能力。本书仅从网络安全运维的三个阶段展开介绍:首先是发现异常,即网络异常行为检测；其次是对网络异常行为的防御响应；最后是对网络安全运维的优化。

在网络异常行为检测方面，本书主要从数据挖掘角度开展分析，基于网络流量和日志数据，利用机器学习技术，对网络异常行为和攻击行为的精准检测方法进行介绍，以及对应用案例进行分析。

在网络安全防御方面，本书主要从行为学角度，利用博弈论模拟攻防交互行为，对攻击响应策略的制定方法进行介绍，以及对应用案例进行分析。

在网络安全运维方面，本书主要从优化角度，对利用最优理论提升网络安全资源的配置和效用最大化方法进行介绍，以及对应用案例进行分析。

1.3 国内外研究现状与趋势

1.3.1 日志预处理

1. 日志解析

计算机系统中的大部分日志都是基于 syslog 协议生成。客户端生成日志消息，服务器负责接收客户端发送的日志消息，并将其写入特定的日志文件。由于原始系统日志协议没有规定日志模板，原始日志数据通常包括时间戳、主机号、事件级别、日志事件等，因此不同设备和系统发送的日志内容也不同。图 1-1 中展示了三种异构日志，可以看出日志内容复杂多样。在文献[17]中，时间戳、主机号和事件级别等变量称为日志参数，日志记录的内容称为日志事件。一些常用的日志解析器只提取日志内容，将日志参数转换为统一标识符。

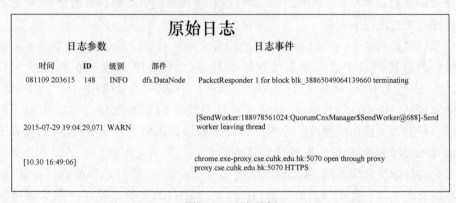

图 1-1 日志示例

记录系统运行时信息的日志广泛应用于服务管理，如业务模型挖掘、用户行为分析、异常检测、故障诊断、攻击溯源等。由于这些业务大多需要结构化日志数据作为输入,因此日志解析是实现自动化和有效分析日志的关键步骤。近年来,日志解析得到了广泛研究,如表 1-1 所列,本节统计了 11 种现有的日志解析算法,主要关注日志解析的模式、预处理和应用的技术三个方面。

表 1-1 日志解析算法

日志解析算法	模式	预处理	技术
Drain[18]	在线	是	启发式搜索
Spell[17]	在线	否	最长公共子序列
LogSig[19]	离线	否	聚类
Aecid-pg[20]	在线	是	启发式搜索
IPLoM[21]	离线	否	迭代
SHISO[22]	在线	否	聚类
MoLFI[23]	离线	是	遗传算法
LogCluster[24]	离线	是	模板挖掘
LKE[25]	离线	是	聚类
SLCT[26]	离线	否	模板挖掘
AEL[27]	离线	是	启发式搜索

模式是日志解析算法的重要特性,根据解析器使用的场景可以分为离线模式和在线模式。离线日志解析算法需要预先解析所有日志数据,并以批处理方式解析日志数据。为了应对频繁的系统更新,需要开发人员定期重新运行离线解析器来获取最新的日志模板。相比之下,在线解析器以流的方式解析日志数据,更好地与后续日志挖掘任务对接。

预处理是指基于一定的领域知识处理日志中所有变量的步骤,需要开发人员设计合理的正则表达式来逐条处理原始日志。例如,IP 地址(10.86.169.121:62260)是各类日志中常见的变量,图 1-1 中第一条日志中 blk_id(blk_38865049064139660)是 Hadoop 分布式文件系统中的重要变量。在以往的工作中[18],研究人员提出使用统一标识符<*>来替换日志中所有变量,这虽然提高了提取日志模板的效率,但获取的日志模板缺失了部分语义信息。本书研究并提出了优化的日志预处理流程,考虑到部分变量有固定模式,将日志预处理标准化,识别系统日志中含有重要信息的变量(IP 地址、事件 ID、文件路径等),最大限度保留原始日志语义。

决定日志解析算法效果的关键因素是提取日志模板的技术,其直接影响提取模板的效率和准确率。SLCT 通过聚类算法允许在两条日志之间有可变长度的参数,LogCluster在其基础上做出改进,更擅长处理参数长度灵活的日志模板。2009年,微软公司提出LKE,应用有限状态自动机从日志序列中提取系统任务流程,应用基于定制加权编辑距离的分层聚类算法识别异常日志序列。LogSig对LKE做出改进,应用启发式规则优化聚类算法,以多个词对的形式表示系统日志,根据相同词对提取日志模板。AEL采用一系列专用的启发式规则,从原始日志中提取"单词=数值"的词对,将"数值"看作一个变量,应用统一标识符替代该变量。MoLFI应用多目标问题思路解决日志解析,并采用一种基于NSGA-II的遗传算法的方法,搜索帕累托最优消息模板集的解空间。与其他日志解析算法相比,MoLFI的优势只须很少地调整参数工作,因为MoLFI所需的四个参数都有有效的默认值,然而,由于采用了遗传算法,MoLFI与大多解析器相比速度慢。IPLoM包含三个步骤,并以分层的方式将日志数据分组:①按日志长度分区;②按日志内容位置分区,包含最少的唯一单词的位置是日志内容位置,根据标记位置的单词进行划分;③按映射分区,在基于启发式标准选择的日志内容位置的单词集合之间搜索映射关系。AECID-PG和Drain是基于树结构的日志解析算法,Drain利用日志长度来生成分区,以一个日志单词为一个树节点,生成与原始日志内容对应日志模板的树。Spell通过在线流模式解析日志,应用最长公共子序列算法匹配日志模板。基于日志源代码、内容和时序关系,可以将日志解析分为三类:第一类基于生成日志的源代码。然而,日志的源代码难以获取,导致实际应用较为困难。第二类基于日志内容进行解析,这在当前日志解析研究领域备受关注。应用数据驱动的算法来自动完成日志解析的解析器大多基于分段、分层或者树型数据结构。这类解析算法在处理变量时往往将所有类型的变量转换为统一标识符,解析出的日志模板丢失部分语义。第三类基于时序关系,这类解析器通常基于关联规则提取不同事件之间的关系。尽管日志解析算法已经取得一定的研究成果,但在处理大规模日志或实时解析时仍需改进。本书关注提升处理日志数据效率,设计日志解析算法。

2. 日志表征

本书将原始的非结构化日志消息解析成日志模板后,将日志模板的向量化工作统称为日志表示,并将日志表示划分为词表示、模板表示和序列表示三个阶段。根据已有的日志分析工作,本书主要从整体表征、分布式表征和序列表征三个方面讨论了现有的日志表示工作。其中,整体表征将日志模板看作一个整体,以模板为基本处理单元。分布式表征将日志模板看作由多个单词或短语组成的列表,基本的处理单元是单词或者短语。序列表征主要研究如何将日志的模板序列表征为向量。

1) 整体表征

为了表示日志模板,一些研究将模板看作一个整体进行向量化。整体表征方法可大体分为两类:

第一类侧重于使用日志模板索引来计算一段时间内日志模板的出现次数。PCA[28]和IM[29]利用日志模板计数捕获定量的异常行为。例如,打开文件的日志消息计数应等于关闭文件的日志消息计数。在这种表征方法下,背离正常空间或违反不变量的日志被检测为异常行为。LogEvent2vec[30]和CAUSALCONVLSTM[31]首先通过一个独热编码器(One-Hot Encoder)对唯一的模板索引进行编码,其中每个日志模板的表示向量只有一个1,其余值都为0;然后使用一个独热向量来替代索引值表示每个模板。因为任意两个独热向量之间的距离都为1,所以它们在比较具有不同语义的模板时是无差别的。

第二类侧重于使用自然语言处理(natural Language Processing,NLP)工具,如Word2vec[32]和paragraph vector[33]。在自然语言处理领域,一个段落(一个日志数据文件内的所有内容)可以包含多个句子(每行日志消息),每个句子又可以包含多个单词,每个单词又由一个或多个字母组成。Word2vec和paragraph vector可以将句子(每行日志模板)作为处理的基本单元,将多个日志模板组成的序列视为一个段落或一个文档[34],然后将每个日志模板表征成一个向量。

上述方法都是以日志模板为基本的表征单元执行向量化操作,主要学习模板间的空间特征。但是,若只使用日志模板索引,则会丢失有价值的信息,因为它们不能揭示日志模板之间的语义关系。例如,有些模板在语义上是相似的,但在模板索引上是不同的,使用统计特征可能会忽略语义的相似性,从而导致误报。

2) 分布式表征

为了提取日志模板的语义特征,在分布式表示中引入了NLP技术,将句子分解成单词,或单词分解成字母。多数方法将日志模板看作由多个单词构成的列表,将单词嵌入成向量,对单词向量进行拼接或者聚合处理得到模板向量,再对模板向量进一步处理得到序列或者整个段落的向量。常用的词嵌入方法包括Word2vec、fastText[35]、Glove[36]和Bert[37]。

LogRobust[38]和文献[39]分别利用fastText和Bert对单词执行向量化,然后将一个时间窗口内单词的TF-IDF(term frequency - inverse document frequency)作为单词向量的权重,进而利用加权求和公式计算得到日志模板的向量。LogOHC[40]和LogEvent2vec首先利用Word2vec模型将单词嵌入k维向量中;然后对日志模板中所有的单词向量取均值来表示日志消息。文献[41]首先利用Word2vec模型将单词嵌入为k维向量,然后构造一个二维矩阵$k \times M$对模板执行向量化,其中M是最长模板的单词数。

虽然,上述表征方法可以实现日志的向量化处理,但是现有的词嵌入方法还存在一些问题。一方面,嵌入词的方法不能表示同义词和反义词。因此,Log2vec[42]提出了一种面向日志的词嵌入(LSWE)方法,该方法将词汇语义对整合到分布式向量中,并强调了基于语义对比不同模板之间的语义相似度。Log2vec还设计了一个针对不在词汇表内的单词处理器(OOV),为模型训练过程中未曾出现的单词分配一个新的嵌入向量,Log2vec 应用到 Template2vec[43]方法中,Template2vec 提取隐藏在日志模板中的语义信息,并根据单词的 TF-IDF 聚合所有的词向量来表示模板。

另一方面,由于 Word2vec 和 fastText 技术只能提取模板的局部上下文信息,因而不考虑整个模板集的全局信息。LogTransfer[44]使用 Glove 来表示模板。它在提取模板集的局部上下文信息的同时考虑模板集的全局范围内的词共现信息,完成单词的向量化后,对单词向量求平均得到模板向量。

3) 序列表征

日志表征操作的输入数据是在日志解析步骤中生成的日志模板,输出数据是输入模板的向量。为了快速提取在时间上连续的事件序列的向量,首先需要将日志数据分成多块,每块代表一个日志序列。窗口技术被用来将日志数据集划分为有限块,窗口通常有三种类型,分别为固定窗口、滑动窗口和会话窗口。其中,固定窗口和滑动窗口都基于时间戳记录每个日志的发生时间。

(1) 固定窗口:每个固定窗口都有其大小,即时间跨度或持续时间。因此,固定窗口的数量取决于预定义的窗口大小。在同一窗口中发生的日志被视为一个日志序列。

(2) 滑动窗口:与固定窗口不同,滑动窗口由窗口大小和步长两个属性组成。例如,每 5min 滑动一次的 1h 时长的窗口。一般来说,步长小于窗口大小,这样容易捕获较多不同的窗口序列。在同一个滑动窗口中发生的日志也被视为一个日志序列。

(3) 会话窗口:与上述两种窗口类型相比,会话窗口基于标识符而不是时间戳。标识符用于标记某些日志数据中的不同执行路径。例如,在 HDFS 系统日志中,标识符 block_id 用于记录某个文件块的分配、写入、复制、删除。因此,可以根据标识符对日志分组,其中每个会话窗口都有一个唯一的标识符。

对于有会话标识符的日志数据,首先按照会话标识符分块,然后在每个会话较长的数据块内可能还要引入窗口技术进行序列建模。对于没有会话标识符的数据,需要利用窗口技术直接在日志数据上进行序列建模。据调研,目前主要有以下三种获取序列向量的方法:

(1) 基于日志索引序列。例如,一个序列可以表示为 $\{L_1,\cdots,L_i,\cdots,L_k\}$,其中,$L_i$ 是序列的第 i 个模板的索引,k 是一个序列的长度。序列向量也可以表示为二维(2D)矩阵。例如,模板向量被标记为形状为 $1 \times a$ 的一维(1D)向量,序列向量可以表示成形状为 $k \times a$ 的 2D 矩阵,其中 k 是序列长度,a 是模板向量长度。

(2) 基于事件计数。它是基于统计计算得到的。在每个日志序列中,统计每个日志模板的出现次数,形成事件计数向量。例如,若事件计数向量为 [0,0,2,3,

0,1,0]，则表示此日志序列中第三个模板出现两次，第四个模板出现三次。最后，大量事件计数向量被构造成事件计数矩阵 x，其中，x_{ij} 记录事件 j 在第 i 个日志序列中发生的次数。

（3）基于加权聚合。一个序列中的每个模板都对应一个权值和一个模板向量，所有模板向量根据权值求和得到序列向量。权重的选取可以利用 TF-IDF、Bary 等。

1.3.2 网络流量预处理

1. 流量表征

为了检测网络异常行为，许多研究尝试用行为属性和行为模式来分析用户的异常行为特点，并利用行为模式中的异常值来识别异常行为或特定类型的攻击。在异常行为检测的过程中，通过统计各种信息计算出特征值，在某些情况下特征值或异常值的质量决定了检测效果。如果不能挖掘出特征之间隐藏的关系，可能会导致检测性能下降。借助深层学习的逐层处理和特征转换可以识别和发现隐藏在数据中的解释因素，因此深度学习作为处理分类问题的一种方法在异常行为检测中得到了广泛应用。为了更好地应用深度学习模型，越来越多的学者探索将网络流量数据转化为图像，然后将其输入深度学习模型中训练和测试。因此，在异常行为检测领域中部署深度学习算法时，很多工作都要投入到特征编码和数据转换中。本书根据不同的编码和转换方法将它们划分为三种类型详细分析。

1) 编码离散特征

通过独热编码器编码离散类型特征，包括协议类型、服务和标志。首先将 NSL-KDD 数据集中的 41 个特征和 1 个标签转换为 123 个数值特征，每个样本的 122 个特征重塑为 11×11 格式的矩阵；然后转换成 11×11 的 RGB 图像作为卷积神经网络（CNN）的输入。

这些方法只编码离散类型的特征而不改变数字特征，所以保证了原有的数字特征的真实性。但是，编码后的特征矩阵中 0 值较多，这种稀疏矩阵容易影响 CNN 模型的卷积效果，并且直接将编码后的长向量重塑为方形矩阵会改变原始的离散特征的结构。

2) 编码所有特征

部分研究探索通过独热编码器来编码所有的特征，主要分为三种类型：第一种类型[45]，把每个数字特征划分到 0~1 之间的 10 个连续的取值间隔中，并利用独热编码器将 10 个取值区间编码为具有 10 个二进制位的数字。基于这些操作，41 个特征首先转换成 464 个 0-1 特征值，然后每 8 位数字转换成一个灰度像素值，共得到 464/8=58（个）像素值，最后这些像素值被重新塑造成 8×8 的灰度图像并输入给 CNN,空位置用 0 值填充。第二种类型[46],每个样本的所有信息组合被看作自然语言处理中的一个句子,字母表中的 26 个字母加上 10 个数字字符和 3 个标点符号组成 39 个符号的字典表,然后每个字符分别由一个独热编码器编码为 39 位的二进制数字。每个样本中的字符数量设定为最大值 177,这样,每条记录被编码为 177×39 格式的二维矩阵作为 CNN 的输入数据。第三种类型[47],每个样本都通过单词字典过滤器和词嵌入映射为 1×521 格式的向量。

这些方法利用编码器将所有的特征处理成相同的格式,保证了在特征编码过程中特征间的公平性,但后续的图像表征过程破坏了特征的整体性和部分相邻特征之间的空间关系。

3) 无特征编码

一些研究还试图直接使用原始特征,不使用任何编码方法。使用长度为 41 的一维向量作为输入[48],或者通过特征约简将 41 个原始特征重塑为 5×5 的形状[49]、10×1 的形状[50]、7×7 的形状[51]等,用固定值(一般用 0 或者 1)填充空位置。这些处理方法相对简单,但可能会存在信息丢失,无法保证精度等。

2. 数据增强

分类模型在学习过程中以整体的检测准确率为导向。当全局的检测准确率最大时,可能会出现多数类的查全率较高,少数类的漏报率较高的明显偏差[52]。为此,各大科研机构展开了大量针对机器学习不均衡分类的探索。目前,相关的研究大体可以划分为数据级别、算法级别和检测成本级别。

1) 数据级别

在数据级别的相关研究中,主要采用数据重采样获取更好的输入数据,进而训练分类模型。重采样技术用来均衡一个不均衡数据集的样本空间,以此来消除学习过程中斜分布的影响。因为重采样技术与分类器独立,所以重采样技术应用灵活,重采样技术通常分为过采样、欠采样和混合采样。

过采样通过生成新的少数类样本来消除斜分布对模型学习的负面影响。应用比较广泛的生成少数类样本的方法有随机过采样(random over sampler,ROS)和合成少数类过采样技术(synthetic minority oversampling technique,SMOTE)[53]。2002 年,首先提出了随机过采样 ROS 的方案,通过在少数类别样本中随机抽取部分样本;然后复制出多份重复样本作为填充样本,来提高少数类别样本的数量,达到均衡数据集的目的。这种方法简单易操作,但分类器接收的许多信息都是相同的,会导致分类器在训练过程中出现过拟合的现象。随后出现了改进的过采样方法 SMOTE,通过随机抽取部分少数类别样本,然后利用线性分割理论在其周围基于距离产生新的相似样本作为填充样本。这种方法规避了随机过采样中容易出现的过拟合问题,但是也出现了新问题。因为在合成的新数据集中多数类别和少数类别样本之间的区别不明显,容易产生噪声数据,影响训练效果。最后,各种基于

SMOTE 改进的过采样方法相继出现,如 bSMOTE(borderline SMOTE)[54]、svmSMOTE(support vectors machine sMOTE)[55]、ADASYN(adaptive synthetic sampling approach)[56]。

2014 年,生成对抗网络(generative adversarial nets,GAN)的出现为数据合成提供了新的思路[57]。GAN 模拟了两个对立的角色,判别器(discriminator)和生成器(generator)之间的最大最小博弈。如图 1-2 所示,生成器不断地优化生成模型的参数,最大限度地误导判别器,使其难以分辨生成数据的真假,最终达到提高生成样本的质量的目的。文献[58]通过 GAN 模型模拟网络层的网络流量,利用 GAN 生成模拟样本来增强少量标记的原始数据,最后在没有专家的情况下将 TCP 数据流分类。文献[59]试图利用最小二乘法生成对抗网络(least square GAN,LSGAN)模型模拟泛洪流量,以避开防御系统。

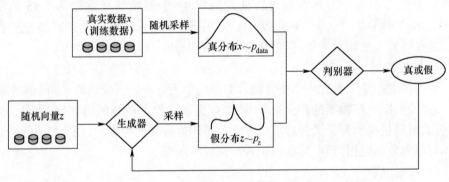

图 1-2 GAN 原理

除了模拟样本的过采样方法,还有在原有样本的基础上,通过组合标记的方式来生成样本的方法。从样本所对应的标签细粒度的角度着手,将两个样本串联起来后用两个标签标记更新的记录,以此来提升少数类样本在训练集中的比例[60]。这种方法将大的不均衡分类问题细化为小规模的平衡的多分类问题,为不均衡分类问题提供了新的解决思路。

欠采样方法[61]通过丢弃多数类中内在的部分样本来消除斜分布对模型学习的负面影响。最简单、最有效的方法是随机欠采样(random under-sampling,RUS),从多数类样本中随机选择丢弃的样本。

混合采样方法结合过采样方法和欠采样方法达到均衡训练集的目的。所有的重采样方法都允许以任何期望的比例重采样,并且精确地均衡多数类和少数类的数目并不是唯一的目的。文献[62]建议在不同大小的数据集上采用不同的样本比例,文献[63]研究了多种类型的少数类样本和它们对学习分类器的影响,文献[64]尝试了如何确定最优的采样比例和问题设置,文献[65]测试了不同重采样方法的性能。

2) 算法级别

不均衡学习试图构建一个分类器,能够为类别不均衡问题提供比传统的分类器(如支持向量机(support vector machine,SVM)、K 近邻(K-nearest neighbor,KNN)、决策树和神经网络等)更好的解决方法。

集成分类器也称为多分类器系统,旨在通过结合多个基分类器来提高单分类器的性能[66]。集成分类器在类别不均衡问题上已经是一个广泛使用的方案,需要确定一个基分类器,基分类器可以是任意一个分类模型,如 SVM、NN、NB、决策树(C4.5、随机森林)等。文献[67-68]提出了两个集成模型,通过使用重采样方法生成的不同数据集来训练多个基分类器。为了提高不均衡数据上的分类性能,提升已有分类算法的学习能力是不均衡学习的另一个重要方向。文献[69]提出了一种序列分类器来降低二分类的漏报率。它包含 5 个分类器,可以依次识别一种特定类型的攻击,尽管性能良好,但它需要专家知识来判断中间的分类结果,然后将模糊或错误的分类样本输出到下一个分类器中。

3) 检测成本级别

成本敏感学习方法既可以应用在数据级别又可以应用在算法级别,通常假定误分类少数类样本的成本高于误分类多数类样本的成本。成本通常以成本矩阵的形式表达,C_i^j 代表将原本属于 i 类的样本分类到 j 类的误分类成本。例如,成本矩阵可以由专家意见辅助获得,或者用每条记录区分,或者因动态的不均衡状态而不同。

综上所述,数据级方法纠正了不平衡的类别分布,其他方法侧重于算法的级别的改进。相对来说,数据级别的方法更加通用和灵活,因为它们不依赖任何特定的分类算法。有两个原因:一是成本敏感学习方法的成本矩阵的值很难确定;二是重采样方法对非机器学习领域的研究人员来说是一个常见的选择,重采样方法无论是在单模型还是在集成模型中都容易部署。尤其是过采样方法人为地创建新样本并将其注入少数样本,以提高少数样本在整个训练数据集中的比例,没有丢失原数据集中的信息,因此几乎不会影响分类准确性。但是,常用的过采样方法(如 ROS 和 SMOTE 等),沿着连接稀有数据的分割线生成数据,利用局部的信息而不是整体的稀有类别分布过采样数据很难创建逼真的样本。

1.3.3 异常检测

1. 异常检测的发展历程

"异常行为是一种与其他观察结果相差甚远的观察结果,以至于人们怀疑它是由另一种机制产生的。"[70]最初用于检测异常的技术称为入侵检测(intrusion detection,ID)[71],通过实时监视网络或者系统运行状况,一旦发现异常情况立即发出警告或采取防御措施,保护网络或系统安全。自1980年入侵检测的概念系统出现,至今已经迅速衍生出多种多样的检测系统,并逐渐成为各种网络和应用中不可或缺的重要防线。随着网络攻击和安全防护手段的不断升级,入侵检测按照数据源可以分为基于主机和基于网络的入侵检测,按照检测技术原理可以分为基于特征检测、基于异常检测和混合检测[72]。表1-2列出了三种常用入侵检测技术的特点。特征检测又称为误用检测,使用已有的攻击特征来检测已知的攻击类型。这种技术在检测已知类型的攻击时效率很高,并且不会产生高的误报;但是,它需要不断地更新数据库中的攻击特征和规则,而且不能检测新的零日攻击[73]。异常检测模拟正常的网络和系统行为,然后将不同于正常行为的记录标记为异常。它不但可以检测零日攻击,而且可以为不同的系统、应用及网络自定义正常活动的属性;但是可能会产生高误报率,因为对于一些检测系统无法识别但合法的活动,系统容易将其分类为异常[73]。混合检测结合了特征检测和异常检测的原理,旨在提高已知攻击的检测率、降低未知攻击的误报率。在混合检测系统中,既包含特征检测模块又包含异常检测模块,异常检测模块检测到的异常行为会继续输送到特征检测模块,根据已知攻击的特征细分为具体的某种类型的攻击,这种多阶段的检测模式相对于前两种检测来说较为复杂,并且异常检测的误报也会输送给特征检测模块,检测准确率不易保证[73]。综合三种常用的入侵检测技术,针对目前网络攻击种类多、形式复杂、未知攻击行为分析难的特点,异常检测技术更引人关注。

表1-2 三种常用入侵检测技术的对比

类别	已知攻击	未知攻击	误报率高	耗时高
特征检测	√	×	×	×
异常检测	√	√	√	×
混合检测	√	√	√	√

2. 基于统计的异常检测

现代网络渗透攻击手段日益复杂,传统形式的运维管理模式已经难以发现网络中潜在的安全隐患,大量研究证明以系统日志为数据源的异常检测模型性能卓越,能够辨别网络中各种行为,帮助企业检测、分析网络安全事件,辅助制定安全响应决策。异常检测是构建安全可靠系统的关键组成部分,系统日志记录了关键事件和系统状态,可以帮助调试系统和完成故障分析。日志在几乎所有的计算机系统中都是普遍可用的,是了解系统状态和性能问题的重要资源,因此各种系统日志是异常检测的重要数据源。尽管系统日志在各种设备中都是普遍可获取的,但其是由各种不同的自然语言构成的,在内容和结构上存在较大差异,这给日志挖掘带来挑战。数据挖掘和机器学习算法能够有效解决实际生活中的分类问题,网络安全研究人员将其应用于异常行为检测,常见的基于日志挖掘的网络异常行为检测方法根据设计思路可分为基于规则库、基于统计和基于机器学习的方法。

早期大多研究采用基于规则的异常检测方法,针对不同系统设计相应规则库。该方法需要开发人员利用领域知识从日志中总结异常行为规律,标记出异常行为产生的日志,最终构建日志规则库。在实际应用中,基于规则库的日志审计平台需要专家来判定网络入侵对应的日志模式,美国加利福尼亚大学设计的分布式入侵检测系统(DIDS)是该方法的典型应用。该系统的优点是系统的推理控制过程和问题的最终解答相分离,这类方法的性能取决于开发人员的专业知识,并且仅对规则库中出现过的攻击方法有效;在面对现代系统更新频繁、攻击方式日益多元时,规则库难以维护。例如,文献[70]通过从数据中提取特征进行无监督聚类,手动标记异常日志,从日志中识别安全威胁。文献[71]提出应用基于图论的置信度传播算法,分析从企业中收集的真实日志,检测出早期入侵。这类方法需要大量领域知识和特定使用场景,开发人员针对已有攻击设计规则库,虽然准确率高,但无法识别未在规则库中出现过的攻击方式。

基于统计的异常检测方法需要根据系统日志定义正常用户的行为模式,然后计算当前用户行为与历史正常行为之间的差异,以此判断当前行为类型。该方法的优点是实现简单且能够有效检测已有异常行为,与基于规则的方法相同,该方法仅对已出现的攻击模式有效,时效性和鲁棒性较差。

基于基线原理的检测可以利用卡方理论,其基本思想是将正常事件之间存在的大量偏离的事件检测为异常事件和入侵事件。基于卡方检验统计量的距离测度方法如下:

$$\chi^2 = \sum_{i=1}^{n} \frac{(X_i - E_i)^2}{E_i} \quad (1-1)$$

式中:X_i 为第 i 个变量的观测值;E_i 为第 i 个变量的期望值;n 为变量的数量。

当所有变量的观测值接近期望值时,χ^2 值较低。一般来说,χ^2 值越大,二者之间的偏差越大。当超过阈值时,将测试的数据变量考虑为异常。

文献[74]提出了一种基于卡方理论的异常行为检测方法,首先利用历史事件数据创建信息系统中的正常模式,然后计算测试事件与正常模式之间的卡方值,最后利用卡方值判断异常与否。

基于统计阈值原理的检测可以通过综合网络事件或者网络数据的多个特征,计算异常得分或者正常得分,然后设定阈值筛选异常事件。文献[75]利用网络服务过程中请求的类型(type)、请求数据包长度(length)和请求数据包的载荷分布(payload)计算该请求的异常分值(anomaly score, AS),异常分值的计算方法如下:

$$AS = 0.3 \times AS_{type} + 0.3 \times AS_{length} + 0.4 \times AS_{payload} \quad (1-2)$$

其中,有效载荷分布比其他属性具有更大的权重。这种基于多属性统计的检测方法主要用来检测 R2L 和 U2R 等罕见的攻击。

基于符号处理的检测可以将网络流量拆分成独立处理的信号,利用基于突变检测的统计信息处理技术可以检测网络故障、性能问题与安全相关的问题(如 DoS 攻击)等[76];同时也可以将网络流量从时域空间转到频域空间,例如利用傅里叶变换实现网络异常行为检测[77-78]。

除了使用单独的某种统计学方法实现异常行为检测,还可以通过混合方式实现异常行为检测。根据文献[79],一个异常行为通常会混淆在大量正常元素中。一般来说,在混合模型中所有的元素可以分为两类:少数元素对应小概率 λ,大多数元素对应概率 $1-\lambda$。从入侵检测的角度假设概率为 $1-\lambda$ 的系统调用集是对系统的合法使用,并且入侵的概率为 λ。从混合模型的角度来看,生成数据的两个概率分布称为多数(majority,M)分布和异常(anomaly,A)分布,每个元素 x_i 由其中一个分布生成。当数据的生成分布为 D 时,从 A 分布中生成的数据元素被认为是异常的:

$$D = (1 - \lambda)M + \lambda A \tag{1-3}$$

无论异常行为检测系统的数据源是何种类型的数据,都能够准确地从历史数据中学习到分类的特征知识是检测的主要目的。最初的异常行为检测方法依赖统计数据分析,如均值、频率等统计性描述,假定异常行为服从罕见类型数据的分布,假设检验等推论统计。一般来说,多数的统计方法需要基于某种既定的假设条件或者假设检验,通过阈值或者基线对照的方式查找不符合预定义规律的行为。但是,为了尽可能地躲避检测系统,攻击手段也在不断地提升,复杂多样的攻击层出不穷,导致基于统计的检测方法已逐渐力不从心。人工智能的出现为异常行为检测等技术提供了借鉴,各种借助机器学习和深度学习等自动学习技术的异常行为检测方法推陈出新。

3. 基于机器学习的异常检测

传统的机器学习方法通常依赖数据分布和特征工程,面对数据不足的问题,文献[80]利用模糊理论和半监督学习方法对数据集进行扩展,最终得出未标记样本有助于提高分类器性能的结论。面对不同类别的数据分布不均衡的问题,数据重采样技术(如过采样少数类、欠采样多数类、混合采样等)可以用来构建均衡的训练集,或通过改进误分类成本的损失函数来提升检测的敏感性,集成算法也经常用于机器学习不均衡场景中检测多种异常行为。在特征选择和降维方面,H. G. Kayacik 等[81]使用信息增益选择特征,并计算了 41 个维度特征的相关性,按照相关性选择特征子集,最终得出有效的特征子集有助于训练高精度的检测方法。主成分分析(PCA)[82]和一些统计学理论,如变异系数等使用较多;但 PCA 是一种正交线性变换,因为它假设所有的基向量都是正交的,所以不建议使用 PCA 来分析有标签的分类数据[83]。综上所述,传统的机器学习方法依赖数据分布和特征工程。在实际的攻击场景中,特征工程既具有挑战性又耗时。因此,这些传统的机器学习方法不能满足实时攻击检测和未知网络攻击精准检测的要求[47]。

基于机器学习的检测方法是通过基于聚类、分类的数据挖掘方法,以及自然语言处理等技术,通过提取日志中的有效特征,智能分析发现网络中的异常行为和定位故障点,可以作为在线防范不同攻击的通用异常检测解决方案。基于机器学习的日志异常检测方法通常由两部分组成:一是应用日志解析算法将原始系统日志转换为结构化数据,应用正则表达式处理日志中变量再提取日志模板,并设计日志表征算法将日志序列映射为矩阵;二是应用日志序列矩阵训练机器学习模型,识别异常日志序列,根据分类算法可以分为传统机器学习算法和深度学习算法。

大多数研究人员应用降维、聚类、分类、统计和频繁模式挖掘等传统机器学习算法解决日志异常检测问题。降维是将高维数据映射至低维空间,从原始数据中筛选有意义的特征,主要采用 PCA 算法。通过计算数据点到前 k 个主成分的距离,若距离大于阈值,则可以识别异常。文献[25]首次应用 PCA 算法从控制台日志中挖掘系统异常行为,构造基于日志模板计数和基于参数值的两种特征向量用于分析。基于聚类的日志异常检测是无监督学习,从原始日志中提取特征向量进行分组,这不需要人为标记大量日志数据。LogCluster 中对日志序列进行聚类,并推荐每类的聚类中心帮助开发人员总结异常行为模式。基于分类的日志异常检测通常是监督学习,应用 SVM 识别异常日志序列,文献[84]中从原始日志提取六种特征,包括固定时间窗口内日志数量、累计任务数等,向量化日志序列后训练 SVM 模型。基于统计模型的异常检测常使用混合隐马尔可夫模型,能够动态调整模型参数。频繁模式挖掘旨在识别日志数据集中被表征为正常的日志序列矩阵,不符合频繁模式的日志序列矩阵被视为异常。传统机器学习算法能够准确识别已知异常日志序列,但其过度依赖人为表征日志,提取特征的质量将直接影响模型性能。

4. 基于深度学习的异常检测

为了提升检测精度,深度学习技术提供了一种新的解决途径。深度学习技术具有逐层处理的能力,能够自动挖掘出输入图像的隐含特征和深层特征,在图像处理领域得到了广泛应用。例如,卷积神经网络(convolutional neural network,CNN)擅长学习训练样本的空间特性,循环神经网络(recurrent neural network,RNN)擅长学习训练样本的时序特性。为了检测 DDoS 等攻击,CNN 用来自动提取网络行为的空间特征,并探索将网络行为数据样本转换成图像的格式输入[85]。将网络行为数据表征为图像数据的方法可以对网络层的行为特征编码,或对数据包内的原始有效负载内容编码[47],或两者的组合[45]。负载内容通常视为一种特殊类型的自然语言,由多个实体组成,负载中的所有实体都通过单词嵌入方法进行编码。为了控制相同长度的编码向量,长度较短的有效载荷通常用零值填充,以获得相同长度的最长有效载荷[86]。网络行为特征通常包含离散类型的符号特征和数值类型的数字特征,所以通常需要利用独热编码等编码技术将符号特征转化为数字特征来统一特征的表现形式,或者将所有行为特征用相同的编码方法将特征转换到隐含的空间,以消除不同类型特征的结构差异和数值差异的影响。随着攻击形式越来越复杂,像高级可持续威胁(advanced persistent threat,APT)等包含多个操作步骤且存在某种时序关系的异常行为,仅用 CNN 出现了局限性,所以基于 RNN 的异常行为检测方法开始探索如何利用日志数据中的时序知识训练分类模型。首先原始的日志数据可以通过特征提取技术或者自然语言处理技术将原始的日志数据表征成机器学习模型可以处理的向量,然后利用窗口技术和会话分割技术将大量的日志数据分割成具有时序依赖关系的块数据,接着根据操作时间特性模拟序列数据,最后利用 RNN 的时序学习模型开展训练和序列异常检测,例如 LSTM(long short term memory)、Bi-LSTM,以及基于注意力(attention)机制的循环神经网络等时序分类模型。

基于深度学习技术的日志检测算法备受关注,神经网络能够从输入数据中提取特征,在复杂关系建模方面展现出卓越的能力,其中大部分研究人员使用 LSTM 模型。文献[87]提出 Deeplog,基于日志索引搭建日志序列矩阵,利用 LSTM 预测给定日志序列的下一个日志索引来学习系统的正常行为模式。然而,一些没有脱离正常执行流程的日志序列在日志索引上可能会有不规则表现,导致误报。在文献[88]中,研究人员将日志视为遵循特定模式和语法规则的序列元素,通过训练 LSTM 模型学习正常、异常行为日志序列,根据用户反馈调整模型权重,以适应不断更新的系统运行模式。在文献[38]中,研究人员针对日志数据更新快、不稳定等特点设计高鲁棒性的日志异常检测模型,提出一种新颖的日志映射向量的算法,利用自然语言处理中 Word2vec、fast-text 来生成有效的词向量,通过删除日志中的停用词(如 not、no、how、up 等)将一条日志转换为有效的向量表示形式;在双向 LSTM 模型中加入注意力机制,旨在从日志序列中提取更有效的特征,在实验中手动添加更新的日志数据,验证该异常检测模型能够识别和处理不稳定的日志序列和事件。但在分析大规模日志数据和复杂场景中还有一定局限性,需要大量地标注日志样本提升分类模型的准确性,对样本的分布和规模过度依赖,因此亟待更多研究人员探索基于机器学习的检测方法。研究[89]采用 CNN 模型,采用词嵌入技术将日志序列映射为二维矩阵,提出一种基于图嵌入的异常检测方法。

由于机器学习模型起源于图像处理领域,致力于解决图像相关的问题,因此,目前应用机器学习开展网络异常行为检测的相关研究仍面临以下挑战:

(1)网络行为特性表征难导致异常行为检测的误报率高。
(2)部分网络攻击行为或异常行为罕见导致异常行为检测的漏报率高。
(3)网络异常行为的序列化和行动复杂特性导致序列异常检测的准确率低。
(4)网络安全资源数量受限导致安全防护难。

5. 异常检测常用的评价指标

一个好的异常行为检测方法要具备高的正确率和低的错误率。表 1-3 是二分类混淆矩阵,基于混淆矩阵可以计算常用的评估指标。

表 1-3　二分类混淆矩阵

项　目		预 测 结 果	
		异常	正常
真实标签	异常	TP	FN
	正常	FP	TN

注:TP(真正)和 TN(真负)表示正确分类的正实例(指异常)和负实例(指正常)的数量;FN(假阴性)和 FP(假阳性)表示错误分类的阳性实例和阴性实例的数量。

准确率(accuracy)从总体上看是最常用的评估指标,它是正确分类的样本与总样本的比率,即

$$\text{accuracy} = \frac{TP + TN}{TP + FN + FP + TN} \tag{1-4}$$

准确率代表了分类的信息,因此应尽可能最大。

精确率(precision)也称查准率,是真阳性(true positive, TP)样本与系统标记为阳性(positive)的样本的比,即

$$\text{precision} = \frac{TP}{TP + FP} \tag{1-5}$$

精确率代表了异常行为检测的准确性,因此,应该尽可能最大。

召回率(recall)也称检测率(detection rate, DR)或查全率,是真阳性样本与实际为阳性的样本的比,即

$$\text{recall} = \frac{TP}{TP + FN} \tag{1-6}$$

召回率代表了检测的完全性,并且是经常用来衡量异常行为检测质量的核心指标,因此,应该尽可能最大。

$F1$ 为精确率和召回率的调和平均值,即

$$F1 = \frac{2 \times \text{Precision} \times \text{Recall}}{\text{Precision} + \text{Recall}} \tag{1-7}$$

其代表了检测性能的综合水平,$F1$ 值越大,说明该方法在召回率和精确率上表现越好,因此应该尽可能最大。

漏报率(FNR)是假阴性(false negative, FN)样本与实际为真阳性样本的比率,即

$$\text{FNR} = \frac{FN}{TP + FN} \tag{1-8}$$

漏报率表示无法检测到真阳性的概率。若该值较高,则会漏掉真正的攻击,使系统暴露给恶意用户,进入危险状态。因此,漏报率应该尽可能低。

误报率(false positive rate,FPR)也称假报警率(false alarm rate,FAR),是假阳性样本与实际为真阴性样本的比率,即

$$FPR = \frac{FP}{FP + TN} \tag{1-9}$$

如果该值持续升高,安全分析操作员将可能忽略系统警告,从而使系统进入危险状态。因此,误报率应该尽可能低。

AUC(area under curve)是避免错误分类的能力,它可以近似地看作召回率和TNR(TNR=1-FPR)的算术平均值,即

$$AUC = \frac{DR + (1 - FPR)}{2} \tag{1-10}$$

它表示召回率和误报率之间的折中度量,可以有效地测量不平衡数据分类器的性能。因此,AUC应该尽可能最大。

几何均值(Gmean)表示灵敏度(sensitivity)和特异度(specificity)的几何均值,即

$$Gmean = \sqrt{sensitivity \times specificity} \tag{1-11}$$

式中:sensitivity = TP/(TP + FN);specificity = TN/(TN + FP)。

它也可以看成召回率和误报率的综合评估。因此,几何均值应该尽可能最大。

1.3.4 网络安全优化

据报道,网络犯罪的迅速增加造成大约每年6000亿美元的经济损失[90],为了提升网络防御技术,营造健康安全的网络环境,制定有效的网络防御措施迫在眉睫。博弈论作为一种经典的经济学理论,被广泛应用于安全领域。本书调研了基于博弈论的防护资源分配策略和攻防对抗场景下的防御策略选择方法。

1. 资源优化

安全问题日益增多,安全驱动的资源分配逐渐成为研究热点,特别是在资源有限、无法覆盖所有需要保护的目标的情况下。美国Teamcore研究所开展了一个以"人工智能与公共安全博弈论"为主题的项目,其成果已应用于各个领域。在美国洛杉矶国际机场,为了保证每个航站的安全,避免非法分子进入机场,需要在各个航站楼入口及交通要道部署警卫或者警犬,但是需要检查的站点多,警卫力量有限,它们提出了ARMOR[91]来生成随机的巡逻和监控方案,保证最大化有限的警卫力量产生的安全价值。美国机场总部为了保证航班安全,需要指派专业的安全负责人到各个机场分部负责安全的指挥工作,但是安全负责人的数量远小于机场

分部的数量,所以它们设计了GUARDS[92]来生成最优的安全负责人分配方案,保证最大化有限的安全人员产生的安全价值。为了保证航班安全,联邦空警需要跟飞某些存在潜在威胁的航班,而联邦空警的数目远小于航班的数目,所以它们研究并部署了IRIS[93]来生成有限数量的空警的调度方案,保证最大化有限的巡逻兵产生的安全价值。当船只在海上行进时,为了防止盗窃行为,美国海岸警卫队开发了PROTECT[94]来实现高效的分配数量有限的海上哨兵,并分析了哨兵的最佳站岗时间和站岗位置,提高了海上船只的安全性。这些都是在实际生活中基于博弈论模型的有限资源分配的成功案例。

以上是对有形的安全资源优化的应用案例,在计算机网络领域也有使用博弈论对无形的安全资源进行分配的研究。例如,在智能电网的高级测量体系[95]中攻击者会利用一些信息搜集手段来收集并解析用户的数据包,防守者为了保证数据机密性会对传输数据进行加密处理,而防守者的加密预算是有限制的,基于以上条件开展了防守者的预算优化研究。在多节点的网络[96]中攻击者和防守者的资源数量均有限制时,探索了防守者的资源优化方案。在异构网络的入侵检测系统[97]中也有应用Stackelberg博弈来模拟攻防对抗的相关研究:假设异构网络下的每个节点都有自己不同的安全价值,对攻击者和防守者来说,攻击或者防守某个节点成功都会产生一定数量的收益;同理,攻击或者防守节点失败也会产生损失,将收益和损失整合到一起便得到了双方的收益函数;最后,分别考虑了攻击者和防守者的资源数量有限、无限四种交叉情况,并为防守者分析了最优策略。

同时,还有学者从算法复杂性的角度研究有限资源分配的效率[98-101],没有指明具体的研究场景,但是可以应用在网络监测、入侵分类等安全领域为数量有限的安全资源或预算分配问题提供借鉴。此外,也有一些关于如何分配有限的安全专家处理大量的安全告警(alert)的研究涌现,网络分配博弈[102]、马尔可夫博弈[103]、Stackelberg博弈模型[104]常用于模拟攻防角色之间的交互过程,并利用博弈的均衡策略制定最优的分配方案。

2. 攻防对抗

为了更好地抵御未知攻击行为,利用博弈模型的对抗特性模拟攻防过程,进而寻求最优的防御策略的方法已在科研中广泛应用,欺骗响应、防御策略选择等研究层出不穷。

在网络对抗中攻防双方常采用监控或者扫描的方式增加对对方策略的了解,尤其是网络管理员作为防守者会引入欺骗手段作为攻击者扫描系统或者网络的响应策略。文献[105]利用网络欺骗博弈模型模拟了攻击者和防守者之间的一对一非完全信息的欺骗交互过程,并提出了快速有效的贪心算法求解最终的均衡策略作为防御方法。

在网络防御配置过程中一般会针对可能出现的攻击、攻击路径、攻击集合等寻求最优的防御策略或者防御序列。针对如何选择最优的防御策略的问题，现有研究在不同的场景下设计了基于不同博弈模型的选择方法。针对攻击行为的快速变化和连续对抗，提出了基于安全状态演化的攻防微分博弈模型[106]；针对网络状态变化的随机性和实时性，提出了基于马尔可夫微分博弈模型和多阶段的防御策略选择方法[107]；针对攻防动态特性和攻防参与者的有限理性条件，提出了基于马尔可夫演化博弈模型和多阶段博弈均衡的求解方法[108]；针对传统的确定性博弈模型无法准确地描述攻防博弈系统中的各类干扰因素，提出了基于随机演化博弈模型的防御策略[109]；为了提升移动目标防御策略的安全性，从攻击面和探测面的角度利用信号博弈模型模拟了动态的对抗过程和非完全信息博弈过程[110]。此外，也有研究通过分析漏洞评分，分别基于马尔可夫博弈[111]、基于攻击图变化的攻防博弈[112]、基于网络攻防博弈模型[113]制定最优的防御策略。

3. 云容灾备份

伴随数据量的不断增大，传统的容灾备份开始暴露出操作不灵活且费用高的问题，为了解决这一问题，传统的容灾与云存储相结合形成了云容灾技术。与此同时，为了提高数据的安全性，亚马逊采取了三点备份的存储模型，即用户将数据存储到亚马逊云存储平台后，系统会自动在三个不同的节点上保存相同的数据，保证一个单点发生故障时可以快速地从其他备份副本中恢复数据。2015 年 12 月，乌克兰当地的城市电力系统遭到黑客组织的 APT 攻击，导致成百上千户居民家中停电，城市陷入恐慌，损失惨重。容灾技术可以确保数据的高可用性，为用户数据安全提供一定的保护措施。

数据容灾一出现，便被应用在了各大领域解决安全问题，例如：在云计算电力领域，基于多目标粒子群优化算法发明了以兼顾容灾成本和数据恢复时间作为目标进行电力调度的方法[114]；在云计算环境下，基于成本研究的数据可靠性算法，将存储费用和数据恢复时间两者相加作为优化目标，用存储容量、最小带宽和备份次数作为限制条件来动态地选择数据副本的存放位置，进而提高数据的可用性和可靠性[115]；武汉理工大学的一项专利发明了一种在数据恢复过程中访问数据副本时基于访问成本和传输时间的选择方法，引入带权重的贪心算法，可以实现在选择最小平均访问成本副本的同时还能减少传输时间[116]。

通常，容灾研究侧重于改善目的节点的指标参数[117]，如 RTO、RPO。在文献[118]中，存储花销和数据恢复时间被看作目标函数，并带有存储容量、最小带宽和副本数量等限制条件。该文献提出了一种在灾难发生后进行数据恢复时的副本选择方法。文献[119]对价格进行了分析，并对比了使用公有云和私有云进行灾难恢复的花销。文献[118-119]关注备份节点或恢复节点的选择，但它们只是从一个角度做出决策，所以有学者开始研究用博弈论的方法从两个角度来研究最优的存储资源定价[120]问题。

在资源定价领域,文献[121]用竞价机制来分配网络资源,客户被看成非合作博弈的参与者,它们竞相出价来竞争有限的网络资源。文献[122]研究了异构网络下通过竞价提供商的空闲资源而开展的分布式资源定价和存储资源分配问题,这里的存储资源是无差别的。不同的是,本书采用多种级别的资源价格来区分多种类型存储资源,并且参与者的策略是各不相同的;博弈一方的策略是设定资源价格,另一方的策略是制定资源需求量。

1.3.5 常用的开源数据集

构建网络异常行为检测系统的一个重要步骤是选择网络数据源,所选数据集的性质决定了系统可以检测哪些类型的异常行为。一般来说需要将异常行为的特征和检测方法作为研究的重点来正确选择数据源。准确的数据特征表示和合适的检测方法有助于构建性能良好的异常检测系统。

常见的异常行为检测研究使用的数据源可以按照网络层次分为网络层的网络数据包和应用层的日志数据。包(packet)是 TCP/IP 协议通信传输中的数据单位,也称"数据包"。TcpDump 是一种数据包分析工具,用于捕获和分析网络数据包。网络数据包作为检测的数据源时,可以从网络数据包中提取周期性的统计特征,或者分析数据包的负载内容,进行检测。常用的开源数据包括 KDD99[123]、NSL-KDD[124]、UNSW-NB15[125]、CIC-IDS2017[126]等,这些数据集就是在原始的 Tcp-Dump 数据上提取得到的特征数据。除了网络数据包等流量数据,在不同的设备、应用或系统上还有用于记录在这些软件和硬件上发生的一切活动的日志数据,其蕴含大量的时间和事件的详细信息为安全专家开展故障检测和安全分析等工作提供了依据。为了提升异常行为检测的准确性,各个科研机构开始公开不同类型的日志数据用于开展科研工作,如利用日志开展序列化的多步攻击检测问题。目前,常用的公开日志数据集包括分布式系统日志,超级计算机系统日志,移动应用架构 Android 等。

1. 网络流量

常用的开源网络流量数据集有 KDD99[123]、NSL-KDD[124]、UNSW-NB15[125]、信用卡诈骗数据集[127]、软件缺陷数据集[128]等。

1) NSL-KDD

入侵检测研究最早使用的是 KddCup 99(简称 KDD99)数据集作为基准数据集,它是通过处理 1998 年美国国防高级研究计划局(DARPA)入侵检测系统评估数据集的九周原始 tcpdump 创建的,通过特征提取得到的 KDD99,记录了 500 万条连接。但它包含许多冗余记录,导致训练的检测模型不可靠。因此,通过去除 KDD99 的冗余记录生成 NSL-KDD。NSL-KDD 有 4 个子集,分别是 KDDTrain+、

KDDTrain+20%、KDDTest+和 KDDTest-21。数据集包含 39 种攻击类型,分为 DoS、Probe、U2R 和 R2L 四大类,具体分布情况如表 1-4 所列。每条数据包含 41 个特征,根据特征的不同数据类型可以分为 3 个符号类型的特征、4 个布尔类型的特征和 34 个数值类型的特征三类,根据提供的标签,该数据集上通常可执行二分类(正常或异常)和多分类(正常或特定攻击)两种检测任务。

表 1-4 三种常用入侵检测技术的对比

类别	DoS	Probe	U2R	R2L
子类别	apache2、back、land、Neptune、Mailbomb、pod、processtable、smurf、teardrop、udpstorm、worm	Ipsweep Mscan Nmap Portsweep Saint satan	buffer_overflow loadmodule perl ps rootkit sqlattack xterm	ftp_write、guess_passwd、http-tunnel、imap、multihop、named、phf、sendmail、Snmpgetattack、Spy、Snmpguess、Warezclient、Warezmaster、Xlock、Xsnoop
总计	11	6	7	15

每种攻击类型在各个数据集中的占比如表 1-5 所示。训练数据集中各个类别样本的数量分布情况如图 1-3 所示,可以看出训练集中存在严重的类别不均衡现象,其中,正常流量占绝大多数,但是异常行为类型,尤其是 U2R 和 R2L 仅占了 0.04%和 0.79%。

表 1-5 NSL-KDD 数据集的详细信息　　　　　　　　(单位:条)

样本类别		训练数据集	测试数据集 test+	测试数据集 test-21
正常类别		67345	9711	2152
攻击类别	DoS	45926	7458	4342
	Probe	11655	2421	2402
	R2L	995	2754	2754
	U2R	52	200	200
总计		125973	22544	11850

2) UNSW-NB15

UNSW-NB15 数据集包含大量的正常网络和异常行为网络实例,共有 10 种不同的标签,1 种正常类型和 9 种异常行为类型(Fuzzers、Analysis、Backdoor、DoS、Exploits、Generic、Reconnaissance、Shellcode 和 Worms)。它包含了约 100GB 的数据,对应着 CSV 文件中的 2540044 条记录。每条记录都有 42 个特征,具体的信息如表 1-6 所列。训练数据集中各个类别样本的数量分布情况如图 1-4 所示,可以看

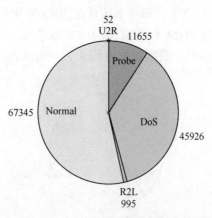

图1-3 NSL-KDD训练数据分布

出训练集中存在严重的类别不均衡现象,其中,正常流量占绝大多数,但是异常行为类型,尤其是Worms、Backdoor和Shellcode占不到0.1%。

表1-6 UNSW-NB15数据集的详细信息　　（单位:条）

标签	分类	数量	标签	分类	数量
0	Normal	37000	5	Exploits	11132
1	Fuzzers	6062	6	Generic	18871
2	Analysis	677	7	Reconnaissance	3496
3	Backdoor	583	8	Shellcode	378
4	DoS	4089	9	Worms	44
	总计				82332

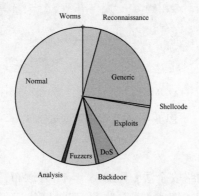

图1-4 UNSW-NB15数据分布

3）信用卡诈骗数据集

信用卡诈骗数据集包含了欧洲持卡用户在 2013 年 9 月产生的 284807 条信用卡交易记录,每条记录都由 28 个数值类型的特征表示。去掉重复记录后,共有 446 条真正的诈骗记录在整个数据集中占约 0.157%,其占比情况如图 1-5 所示。

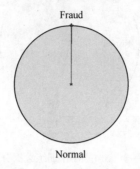

图 1-5　信用卡诈骗数据集分布

4）软件缺陷数据集

两个常用的软件缺陷检测数据集 JM1 和 PC5 均来自 NASA 的 MDP 项目。JM1 数据集中有 22 个静态的编码属性,全部的 10878 个模块中有 8904 个唯一的模块样本信息,其中 2001 个真正的缺陷模块占 22.473%,不同类别的样本分布情况如图 1-6(a)所示。PC5 数据集有 39 个静态的编码属性,全部的 17816 个模块中有 1830 个唯一的模块样本信息,484 个真正的缺陷模块占 26.448%,不同类别的样本分布情况如图 1-6(b)所示。

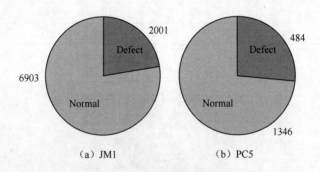

(a) JM1　　　　(b) PC5

图 1-6　软件缺陷数据集分布

2. 日志

《中华人民共和国网络安全法》于 2016 年 11 月颁布,第三章网络运行安全的第二十一条,第(三)点明确要求"采取监测、记录网络运行状态、网络安全事件的技术措施,并按照规定留存相关的网络日志不少于六个月",该规定不但从法律角度明确了日志留存的重要性,也肯定了日志在网络运行安全中的重要角色。为此,各大科研机构和研究平台公开了一系列不同类型的日志数据,以供科研人员推进安全相关的研究。目前,github 上开源的一系列日志数据的分类和介绍如表 1-7 所列。该机构将日志数据分为分布式系统、超级计算机、操作系统、移动系统、服务器应用和独立软件 6 种类型。

表 1-7 部分开源日志数据详细信息　　　　　（单位:条）

数据集	时长	数据大小	消息数	模板数	是否标记
分布式系统日志					
HDFS	38.7h	1.47GB	11175629	30	是
Hadoop	—	48.61MB	394308	298	是
Spark	—	2.75GB	33236604	456	否
Zookeeper	26.7 天	9.95MB	74380	95	否
OpenStack	—	58.61MB	207820	51	是
超级计算机					
BGL	214.7 天	70876MB	4747963	619	是
HPC	—	32MB	433489	104	否
Thunderbird	244 天	29.6GB	211212192	4040	是
操作系统					
Windows	226.7 天	26.09GB	1146008388	4833	否
Linux	263.9 天	2.25MB	25567	488	否
Mac	7 天	6.09MB	117283	2214	否
移动系统					
Android	—	183.37MB	1555005	76293	否
HealthApp	10.5 天	22.44MB	253395	220	否
服务器应用					
Apache	263.9 天	4.9MB	56481	44	否
OpenSSh	28.4 天	70.02MB	655146	62	否
独立软件					
Proxifier	—	2.42MB	21329	9	否

1) 分布式系统

分布式系统(distributed systems)日志包含了 5 种类型的日志,分别为 HDFS(hadoop distributed file system log)、HaDoop(hadoop mapreduce job log)、Spark(spark job log)、Zookeeper(zookeeper service log)和 OpenStack(openstack infrastructure log)。

HDFS 日志数据集指的是 hadoop 分布式文件系统的日志。这样的日志有两组,分别是有标记的和无标记的。这些日志数据集是从生产系统中收集的,其中异常样本都是由原始领域专家手动标记的,所以也将这些标记(异常与否)作为准确性评估的依据。其中,第一组日志数据集(有标记的)是在私有云环境中使用基准工作负载生成的,并通过手工编制的规则手动标记以识别异常。根据块 ID 将日志分为多个记录道。然后与特定块 ID 相关联的每条记录都分配一个 groundtruth 标签:normal/anomaly(可从文件 anomaly_label.csv 中得到)。第二组日志数据集是香港中文大学的实验室 HDFS 系统收集的用于研究目的的日志集合,包括 1 个名称节点和 32 个数据节点。日志在节点级别聚合。但是,已经修复了 3 个节点,不幸的是丢失了一些日志。该日志数据集规模大(超过 16GB),原样提供,无须进一步修改或标记,这可能涉及正常和异常情况。

HDFS 数据集是一个基于日志数据检测异常的研究中常用的开源数据集[25],它包含 11 条、175 条、629 条日志消息,主要收集于 200 多个亚马逊的 EC2 节点中,其中 288 条、250 条消息是异常的并且占比不到总数的 2.6%。同时,这个数据集也可以按照 block_ID 划分,共有 575061 个文件块,其中,16838 个发生过异常行为的文件块,占比不到总数的 2.9%。该数据集中的异常标签是由 Hadoop 的领域专家标记完成的[87]。

Hadoop 日志文件是由两个基于 Hadoop 的大数据应用程序在运行时生成的,这两个应用程序分别是 WordCount 以及 PageRank。WordCount:作为 MapReduce 编程的一个示例,是与 Hadoop 一起发布的应用程序;WordCount 应用程序分析输入文件并统计每个单词在输入文件中出现的次数。PageRank:由搜索引擎给网页排序的程序。其中,在执行这两个应用程序时,基础 Hadoop 平台会生成日志。该日志首先在实验室环境中运行应用程序而产生,此时没有注入任何故障。为了模拟生产环境中的服务故障,向其中手动注入以下部署故障:

(1)机器故障(machine down):在应用程序运行时关闭一台服务器来模拟机器故障。

(2)网络断开故障(network disconnection):从网络上断开一台服务器来模拟网络连接失败。

(3)磁盘已满故障(disk full):在应用程序运行时手动填充一台服务器的硬盘,以模拟磁盘已满故障。

Spark 日志文件既不报告异常任务的根本原因,也不报告异常场景发生的时间和地点。虽然 Spark 提供了一种"推测"机制来检测掉队任务,但它只能在每个阶段检测到尾部掉队者。异常发生的根本原因是复杂的,因此没有有效的方法来检测根本原因。Spark 驱动程序和 executors 记录 executor 的状态以及有关任务、阶段和作业的执行信息的集合,这些信息是 Spark 日志的来源。每个 Spark executor

包含两个日志文件:Spark execution log 由 log4j 记录,Spark garbage collection(GC) log 由 stderr 和 stdout 记录,每个工作节点和主节点都有自己的日志文件。

该日志集是由香港中文大学的实验室 Spark 系统的日志汇总而成,该系统共有 32 台机器。日志在机器级别聚合。有 3 台机器已经修好,不幸的是一些原样丢失了。日志的内存非常大(超过 2GB),并且原样提供,没有进一步的修改或标记,这涉及正常和异常的应用程序运行。

ZooKeeper(https://zookeeper.apache.org)是用于维护配置信息、命名、提供分布式同步和提供组服务的集中式服务。该日志集是由香港中文大学的实验室的 ZooKeeper 服务收集的,该服务共有 32 台机器。该日志覆盖 26 天以上的时间段。

OpenStack 数据集是在 CloudLab 上生成的,CloudLab 是一个用于云计算研究的灵活的科学基础设施。提供了正常测井曲线和故障注入的正常案例,使数据更适于异常检测研究。在文献[87]中的描述:在 CloudLab 上部署了一个 OpenStack 实验(Mitaka 版本),其中有 1 个控制节点、1 个网络节点和 8 个计算节点。在收集到的 1335318 个日志条目中约有 7%是异常的。

2)超级计算机

超级计算机(supercomputers)系统日志包含了 3 种类型的日志,主要有 BGL (blue gene/L supercomputer log)、HPC(high performance cluster log)和 Thunderbird (thunderbird supercomputer log)。

BGL 是一个从劳伦斯利弗莫尔国家实验室(LLNL)的 BlueGene/L 超级计算机系统收集的日志的开放数据集,拥有 131072 个处理器和 32768GB 内存,其包含 4747963 条日志信息。与 HDFS 数据不同,BGL 日志没有记录每次作业执行的标识符,日志包含由警报类别标记标识的警报和非警报消息。在日志的第一列中,"-"表示非警报消息,而其他则表示警报消息。标签信息便于预警检测和预测研究。从生产系统中收集的异常样本都是由原始领域专家手动标记的,这些标记(异常与否)也作为准确性评估的依据。

在文献[129]中的描述:在 BGL 上,日志记录由运行在服务节点上的机器管理控制系统(MMCS)管理,每个机架有两个服务节点。BG/L 中的事件通常设置各种 RAS 标志,这些标志在日志中显示为单独的行。BGL 日志的时间粒度降至微秒,这与典型系统日志的 1s 粒度不同。

高性能集群(HPC)日志来自洛斯阿拉莫斯(Los Alamos)国家实验室 49 个节点的超级计算机设置,每个节点配置了 6152 个核和 128GB 内存,但是原始数据已停止服务。

Thunderbird 是从位于阿尔伯克基的圣地亚国家实验室(Sandia National Labs, SNL)的 Thunderbird 超级计算机系统收集的日志的开放数据集,拥有 9024 个处理器和 27072 GB 内存。日志包含由警报类别标记标识的警报和非警报消息。在日志的第一列中,"-"表示非警报消息,而其他则表示警报消息。标签信息便于预警检测和预测研究。

文献[129]中的描述:在 Thunderbird 上,日志由 syslog-ng 在每个本地计算机上生成,存储到/var/log/并发送到日志服务器。日志服务器(Thunderbird 上的 tbird-admin1)使用 syslog-ng 处理文件,并根据源节点将它们放置在目录结构中。

3) 操作系统

操作系统(operating systems)日志包含了 Windows、Mac 和 Linux 三种类型日志。

Windows event log 数据集是通过聚合运行 Windows7 的实验室计算机收集的的大量日志。原始日志位于 C:/Windows/logs/CBS。CBS(component-based servicing)是 Windows 中的一种组件化体系结构,它在包/更新级别工作。CBS 体系结构比以前操作系统中的安装程序更加健壮和安全。用户可以从一个更完整、更可控的安装过程中获益,该过程允许添加更新、驱动程序和可选组件,同时可以减轻不正确或部分安装导致的不稳定问题。这些日志的规模非常大(超过 27GB),跨度超过 226 天。

Linux system log 通常位于/var/log/。作为公共安全日志共享站点项目的一部分,这个数据集是在一个超过 260 天从 Linux 服务器上的/var/log/messages 中收集的。

Mac OS log 是从一台使用了 7 天的 macbook 上的 /var/log/system.log 目录中收集的日志文件。

4) 移动系统

移动系统(mobile systems)日志主要包含了 Android 和健康应用两款移动系统上收集的日志信息。

Andriod framework log 很少公开用于研究目的。香港中文大学的研究团队提供了一个日志文件,它是在实验室测试一个安装了大量模块的 Android 智能手机时生成的。

Health app log 是在一款针对 Andriod 设备的移动应用程序上,收集了 Android 智能手机使用 10 天以上后的应用程序日志。

5) 服务器应用

服务器应用(server applications)日志包含了 Apache 和 OpenSSH 两种类型的日志。

Apache 服务器通常生成访问日志和错误日志。为了研究异常检测和诊断,我们提供了一个错误日志。作为公共安全日志共享站点项目的一部分,日志文件是从运行 apacheweb 服务器的 Linux 系统收集的。

OpenSSH server log 是在实验室的 OpenSSH 服务器上收集了 28 天以上的

日志。

6）独立软件

独立软件(standalone software) Proxifier（https://www.proxifier.com）是一个软件程序，它允许不支持通过代理服务器工作的网络应用程序通过 SOCKS 或 HTTPS 代理和链进行操作。我们从实验室的台式计算机上收集了代理日志。

1.4 本书内容及章节安排

本书首先从研究背景和基础知识介绍入手，然后介绍了网络异常行为检测的相关技术和应用案例分析，最后介绍了网络安全防御策略的制定和优化的相关方法和案例分析。具体内容结构如图1-7所示，第1章介绍了网络安全研究的背景、现状和网络安全领域常用的检测数据，第2章介绍了网络安全领域研究中常用的交叉学科理论，第3章和第4章分别介绍了基于网络流量和网络日志的异常行为检测方法，第5章介绍了基于攻击行为的防御响应，第6章介绍了有限网络安全资源的优化配置，第7章介绍了云容灾的最优数据备份策略，第8章总结全书。

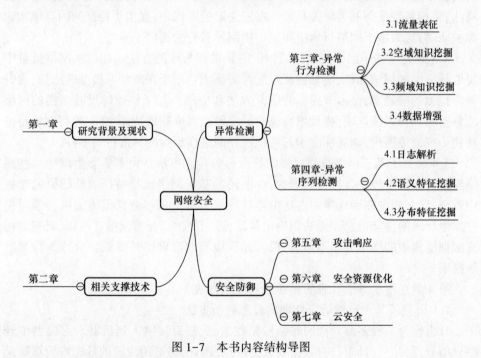

图1-7 本书内容结构导图

第2章介绍了相关的交叉学科理论

网络安全不仅存在于普通的互联网中,在新型的智能网络和架构中同样需要,本书首先从云计算背景出发介绍了云计算的基本特点和安全防御技术;然后,介绍了自然语言处理、早期的机器学习和深度学习等人工智能技术在网络安全防御中的应用;最后,介绍了博弈论在网络安全优化中的探索研究。

第3章介绍了基于网络流量的异常行为检测方法

3.1 介绍了现有的网络流量特征表征方法。网络流量特征通过现有的特征提取工具可以从捕获的数据包中提取出可用的统计、载荷等特征信息。深度学习的逐层处理能力使其在图像处理领域得到了广泛应用,同时也为网络异常行为检测提供了新思路。但是要想在机器学习甚至深度学习模型中广泛应用,仍需要对特征进行加工处理。捕获的网络流量数据包多数以文本的形式体现,如何将基于数据包分析提取的行为特征表征成适用于机器学习模型的模式,并建立机器学习模型,学习样本中的深层特征,提升异常行为检测的准确率是本书介绍网络流量特征表征的主要目的,本章先介绍了现有的四种常见特征表征方法。

3.2 研究了基于网络流量空域知识的异常行为检测方法。如何从网络流量中提取特征间的空域关联,并表征成适用于机器学习模型的模式,降低异常行为检测的误报率是本节提出的一个研究方法和应用。基于循环移位置换策略的图像表征算法,将相邻特征间的关联关系表征在三通道的图像中,保留了特征间的空域知识和关联信息,为基于网络行为空间知识检测异常行为提供了参考。

3.3 研究了基于网络流量频域知识的异常行为检测方法。如何从网络流量中提取特征间的频域知识,增加特征维度并表征成适用于深度学习模型的图像,提升异常检测的准确率,是本节提出的研究方法和应用。基于快速傅里叶变换的网络流量空域知识表征算法,将低维特征向量映射至高维频域特征空间,再将频域特征转换为三通道图像,训练深度学习卷积神经网络模型检测异常行为事件。

3.4 研究了基于网络数据增强的异常行为检测方法。由于实际生活中某些网络异常行为数量较正常行为数据少,在上述的基于网络流量特征表征的研究过程中发现,异常样本在训练集中占比少容易导致大部分依赖数据训练的机器学习模型发生严重的性能偏差而无法识别出异常,进而产生了异常漏报。所以,研究如何克服训练集中的样本分布不均衡,提升异常检测的准确率并降低异常行为检测的漏报率。

第4章介绍了基于日志的异常序列检测方法

4.1 研究了基于自然语言处理的日志解析方法

日志作为一种多源异构的非结构化数据,无法直接输入到机器学习模型中开展自动分析,并且,日志具有数据量大的特点,因此,高适用快速的日志解析算法是本节提出的研究方法。基于相似日志模板合并的日志解析算法通过计算日志模板之间的相似度,进而合并相似日志模板,降低了待处理的日志模板规模,提升了精细化日志解析的效率,并且自然语言在不同的日志数据上具有较强的实用性,为提升日志解析的精度和时间效率提供了参考。

4.2 研究了基于日志语义建模的异常序列检测方法

由于基于网络流量分析的异常检测难以发现复杂的包含多个攻击步骤的异常序列,应用层的日志中蕴藏的大量的安全相关信息为网络异常行为检测提供了数据源,尤其是日志中蕴藏了网络发生事件的时序特征,为检测一些多步骤的序列化异常提供了依据,如 APT 攻击。当前基于日志的相关研究难以提取日志中的语义知识,且日志消息的向量化表示容易出现二义性。因此,研究如何准确地向量化表示日志中的语义知识,模拟序列数据,建立高效的异常序列检测模型,提升检测的准确率。

4.3 研究了基于分布式特征的异常序列检测方法

日志数据蕴含信息丰富、知识分布广,本节提出了一种基于日志分布特征表征的异常序列检测方法。该方法首先通过词嵌入模型,学习日志数据全局分布的词特征向量,再整合词向量得到日志模板向量,进而基于滑动窗口机制得到序列向量,通过训练长短时记忆网络模型学习序列间的时序知识,发现异常序列,为提升异常序列的准确性提供了日志表征借鉴。

第 5 章介绍了基于攻击行为的防御响应方法

云端存储的大量数据吸引了攻击者的注意力,而且用户可以在任何时间任何地点用自己的账户访问云资源增大了云端数据暴露给攻击者的可能性。所以,从攻击行为角度考虑四种攻击对手行为模型,以云提供商的安全收益最大为目标,基于博弈论提出对抗一种攻击行为的单目标优化模型和对抗多种攻击行为的多目标优化模型,博弈均衡解可以为云提供商提供优化的安全监控方案。

第 6 章介绍了有限网络安全资源的优化配置方法

安全处理中心(security operation center,SOC)在收到异常行为告警后,会根据异常行为或者攻击特性制定安全防御措施。用于安全防御的防护资源,例如安全专家、安全设备等通常是数量受限的。所以,当面对大量的网络攻击或异常行为时,研究如何模拟攻防交互过程,并充分利用有限的防护资源最大限度地抵御网络异常。

第 7 章介绍了云容灾的最优数据备份策略

为了避免灾难或系统崩溃导致的数据丢失、难以恢复等问题,从博弈角度研究了优化的云容灾方案。在数据备份阶段,将相互独立的多个云容灾请求方与一个云容灾服务方之间的存储资源租赁过程模拟为基于博弈论的资源定价过程。通过建立博弈模型,分析博弈均衡策略,为数据备份阶段的多个云容灾请求方提供最优的存储资源租用数量、为云容灾服务方提供最优的存储资源租用价格策略。

第2章
交叉学科理论

2.1 云计算

云计算的出现为互联网领域带来了新的科技变革。2009年4月,美国国家标准与技术研究院(NIST)首次提出云计算定义,并得到社会各界广泛认同和支持:云计算是一种按使用量付费的模式,这种模式提供可用的、便捷的、按需的网络访问,进入可配置的计算资源(包括网络、服务器、存储、应用软件、服务)共享池,只需投入很少的管理工作,或与服务供应商进行很少的交互,这些资源能就够被快速提供[130]。

本节围绕云计算的定义、特点、安全及应用开展相关介绍。

2.1.1 云计算特点

云计算作为一种新兴的互联网技术具有五大特点:①用户可以根据需要自助申请服务;②用户可以随时随地在不同的终端设备上通过互联网访问云资源、简单易操作;③多个用户可以共享云计算的存储资源、计算资源、网络资源等,灵活透明;④云计算平台弹性扩展,方便快捷;⑤云计算平台根据用户的实际租用需求合理收费,价格低廉。

2.1.2 云安全

云安全是云计算发展过程中面临的重要问题之一,云安全问题甚至是人们担忧的首要问题,根据Gartner 2009年的报告,云计算概念成立之初,70%以上受访企业的首席技术官(Chief Technology officer,CTO)认为短期内不采用云计算的首要原因是对数据安全性与隐私性的担心;2016年的云安全焦点报告(cloud security spotlight report)指出90%的组织对公有云的安全表示非常担忧;云安全联盟

(CSA)在2009年的RSA大会上宣布成立,每年都会列举年度云计算领域面临的顶级威胁,其中数据外泄和数据丢失连续7年都被列为云安全领域的顶级威胁;并且亚马逊、谷歌、微软等云计算提供商不断地被爆出各种宕机等安全事件,这更加加剧了人们的担忧[130]。所以,为了说服众多的企业组织相信云计算,放心地将数据存储到云平台上就要克服云计算所面临的安全挑战。

冯登国等调研总结了当前云计算安全面临的三个挑战:如何建立以数据安全和隐私保护为主要目标的云安全技术框架,以安全目标验证和安全服务等级测评为核心的云计算安全标准及其测评体系,可控的云计算安全监管体系[130]。

2.1.3 云容灾

云计算不但给用户提供了方便,而且为云提供商提供了安全完善的平台,尤其是在数据量猛增的现在,云存储的价格低廉、使用方便、扩展性强,使云存储成为数据容灾技术过程中大规模数据的重要存储平台,云容灾因此应运而生。

灾难通常是指可能造成较大损失和破坏的事件,如自然灾害、设备损坏、人为破坏。在云计算环境下,一切可能导致云服务终止,不能提供正常服务的事件都可以称为灾难。容灾的目的是在灾难发生后,通过一套机制及时地对系统或者数据进行复原,尽可能地把灾难损失降到最低。

容灾技术可以从保护对象和距离的角度分类:

(1)按保护对象分为数据容灾和应用容灾。数据容灾是指在异地构建数据备份中心以实现对重要的、关键的数据的实时复制及数据冗余;当本地数据发生灾难而无法进行正常服务或者无法读取数据时,服务程序可以读取异地数据备份中心的数据而继续提供服务。应用容灾是指当本地应用服务系统正常工作时,在异地建立一套或多套与本地应用系统完全相同的应用服务系统;当本地应用服务系统因为灾难发生而无法正常服务时,容灾机制会启动异地的应用备份继续工作。

(2)按距离的远近可分为本地容灾与异地容灾。本地容灾将备份系统和主系统放在同一区域;当灾难发生时,本地容灾能够实现快速恢复,保障业务的不间断运行。异地容灾将备份系统与主系统放在不同区域;和本地容灾相比,异地容灾可保证高可用性,而且对大型灾难的容忍度较大,能够更好地保障系统正常运转。

2.2 自然语言处理

自然语言处理(NLP)技术是指自然语言与机器进行交互的技术,NLP技术旨在支撑计算机读取和理解自然语言。随着NLP技术应用逐渐普及,如网络搜索引擎可以访问锁定在非结构化文本中的信息,机器翻译方便阅读外文文献。本书围绕部分常用的自然语言处理技术展开相关介绍。

2.2.1 正则表达式

正则表达式是描述文本模式的重要工具,可以从文本中提取、替换指定的字符串。根据特定的符号编写的正则表达式可以表示结构相似的一类字符串,适用于文本搜索、模式匹配,大部分研究人员应用正则表达式处理系统日志中的变量[131-132]。该技术适用于从语料库中搜索匹配模式的文本,在日志解析预处理阶段识别日志中变量时,可以使用正则表达式。表2-1中展示了常用的正则匹配,该表中共给出7种字符,前4种为普通字符,匹配指定的文本内容,后3种作为特殊字符,可以为前面字符的匹配添加限定条件,通过这两种字符的组合使用可以从日志中匹配指定模式的文本。例如,[A-Z]{5}匹配5个大写字母。在设计日志解析算法时,需要设计合理的正则表达式去匹配日志中的数字、ip地址、域名和文件路径等变量。

表2-1 正则匹配

字符	匹配内容
\s	非空白字符
\w	字母和数字
[A-Z]	大写字母
[0-9]	数字
?	子表达式一次或零次
{n}	子表达式 n 次
+	子表达式一次或多次

2.2.2 词嵌入

为了使用各种机器学习算法对数据进行挖掘和自动分析,需要把文本转换为数字向量的形式作为输入。词嵌入面向各类语料库,目的是将语料库中的每个单词或文字映射为实数域上的词向量。谷歌(Google)公司最新提出的Bert模型在处理同一个单词时,会根据上下文语境映射为两个不同的词向量。传统的基于one-hot和计数(TF-IDF)的词嵌入,在处理大规模文本时生成的词向量维度过高,导致算法计算效率低、忽略词间相似性、在多个维度上冗余地编码相似的信息(one-hot

中含有大量的0)。因此,在处理日志这种数据量大的文本时通常采用基于神经网络的词嵌入方式,如 Word2vec、Elmo 等[133]。

1. One-Hot

One-Hot 是一位有效编码,直译为独热编码,主要采用 N 位状态寄存器来对 N 个状态进行编码。可以将目标编码对象编码为离散编码,目标对象可以是离散类型,也可以是连续类型。当目标为离散类型时,直接以每个离散对象为编码基本单位;当目标为连续类型时,可以采用连续区间分割的方式,分割为多个区间,再以每个区间为编码基本单位。One-Hot 编码时分类变量作为二进制向量的表示,编码后的每个对象向量中仅有 1 个位置为 1,其余位置为 0。独热编码的特点是使用方便,且不同对象向量之间的距离均为 1。

假设对不同的水果(苹果、香蕉、桃子)进行编码,有以下表示:

苹果→[1,0,0];
香蕉→[0,1,0];
桃子→[0,0,1];

2. Word2vec

Word2vec 是 2013 年 Google 实验室提出的一种编码方式,特点是将所有词表示成低位稠密向量,解决了 One-Hot 编码的三个弊端:①编码过于稀疏,向量大小即为词典大小;②无法体现词在上下文中的关系;③无法体现两个词之间的关系。Word2vec 的原理是把一个词典大小的向量用几百维的向量进行编码,每维都有其特定的含义,并且可以计算两两之间的相似度,实现 king-man+woman=queen 的效果。

Word2vec 有 CBOW(Continuous Bag-of-Words)和 Skip-gram 两种训练方式,二者的区别:①若拿一个词语的上下文作为输入来预测这个词语本身,则该模型称为 CBOW 模型;②若用一个词语作为输入来预测它周围的上下文,则该模型称为 Skip-gram 模型。

Word2vec 明显的缺点是得到的词嵌入的向量是静态(static)的,即不同文章中该词的词向量相同。例如,"我从小就爱吃苹果"和"小明新买的苹果手机非常好用",二者中的苹果在 Word2vec 看来是一样的。这一点在 ELMo 模型中得到了解决。

3. ELMo

ELMo(Embeddings from Language Models)于 2018 年 3 月提出,该论文被评为 NAACL18 国际会议的 Best Paper,它解决了 2013 年提出的 Word2vec 和 2014 年提出的 Glove 的每个词只对应一个词嵌入向量,对多义词无能为力的问题,具体做法为 ELMo 训练的不再只是一个词向量,而是一个包含多层 BiLstm 的模型,然后在每个句子传入该模型,分别拿到每个时间步在每个层的输出,最后在下游具体的 NLP 任务中,再单独训练每层的权重向量,对每一层的向量进行线性加权作为每个词的最终向量表示。这样一来,每个词在不同的上下文语境中都可以得到不同的向量表示,因此,在一定意义上可以解决一词多义的问题。

ELMo 编码的优点:①ELMo 着重解决一词多义,相较于传统的 Word2vec,仅能表达一种含义(词向量是固定的);②ELMo 生成的词向量利用了上下文的信息,根据下游任务能够通过权值来调整词向量以适应不同任务。ELMo 编码的缺点:ELMo 采用的是 LSTM 作为特征提取器,而不是 Transformer,后者已经被证明在特征提取方面的效果远好于 LSTM,并且 ELMo 采取双向拼接这种融合特征的能力可能比 Bert 一体化的融合特征方式弱。

4. Bert

Bert(bidirectional encoder representation from transformers)由 google 团队于 2018 年 10 月底公布,BERT 模型进一步增加词向量模型泛化能力,充分描述字符级、词级、句子级甚至句间关系特征。其有三大亮点:①利用 masked LM 实现真正的双向编码,类似于完形填空机制,需要预测的词利用特殊符号替代后,进行双向编码;②利用 Transformer 做编码器实现上下文相关知识编码;③编码对象从词提升至句子级别,在很多任务中,仅仅靠 encoding 是不足以完成任务的(这个只是学到了一堆 token 级的特征,即 word-level),还需要捕捉一些句子级的模式,来完成 SLI、QA、dialogue 等需要句子表示、句间交互与匹配的任务(输入一个句子,找跟它匹配的其他句子)。对此,BERT 又引入了另一个极其重要却又极其轻量级的任务,试图把这种模式也学会,即 Sentence-level。

综上所述,三种编码方式的对比如表 2-2 所列。

表 2-2　Word2vec、ELMo 和 Bert 三种编码方式的对比

编码方式	Word2vec	ELMo	Bert
预训练编码(上、下文相关)	否	是	是
模型	CBoW/Skip-Gram	Bi-LSTM	Transformer
预测目标	下一个单词	下一个单词	掩码
下游具体任务	需要编码	需要设置每层参数	简单 MLP
负采样	是	否	是
编码对象	单词级别	单词级别	句子级别

2.3 机器学习

机器学习是一门多领域交叉学科,涉及概率论、统计学、优化理论等多门学科,侧重于研究计算机如何模拟或实现人类的学习行为,基于历史知识结构的重组和训练学习,以获取新的知识或者技能,提升自身的性能。

2.3.1 基于聚类的算法

聚类是一组在高维的无标签数据中查找相似模式的技术集合,它是一种无监督的模式挖掘方法,根据相似性度量将数据分组在一起。基于聚类的入侵检测的主要优点是可以从统计数据中学习,无须系统管理员提供各种攻击类别的明确描述。对输入数据聚类的常用方法有:在连通性模型(如分层聚类)中,数据点按它们之间的距离分组;在质心模型(如 K 均值)中,每个聚类由其平均向量表示;在分布模型(如期望最大化算法)中,假定组对于统计分布是默认的;密度模型将数据点分组为密集区域和连通区域,例如,Density-Based Spatial Clustering of Applications with Noise(DBSCAN)。

基于实例的学习算法 K-Nearest-Neighbor(KNN),是另一种流行的机器学习方法,一个点的分类由该数据点的 K 个最近邻居确定。一般来说,确定该点的类别会执行多数表决,由于高维数据对 KNN 方法产生负面影响,因此几乎总需要特征降维。邻居节点的顺序或者数据集中的数据排序也被认为具有很高的影响力。KNN 简单和缺少参数假设(数字 k 除外),但是如果类别分布不均衡,KNN 在执行无监督的聚类时可能受限。

2.3.2 基于分类的算法

基于分类的算法通常依赖数据和标签,属于有监督学习的一种类型。常见的算法有神经网络(NN)、SVM、决策树(decision tree)等。

神经网络的灵感来自大脑,由相互关联的人工神经元组成,能够对其输入开展一定的计算。输入数据激活网络第一层中的神经元,其输出是网络中第二层神经元的输入。同样,每层都将其输出传递到下一层,最后一层输出结果。输入数据和输出结果之间的网络层称为隐藏层。当神经网络用作分类器时,输出层会输出最终的预测类别。

SVM 是一种基于在两个类之间的特征空间中发现分离的超平面,以使超平面与每个类的最近数据点之间的距离最大化的分类器。该方法基于最小化的分类损失,而不是最优分类。SVM 以其泛化能力而闻名,并且在特征数量(m)高、数据量(n)低,且 $m \geq n$ 时,SVM 的分类效果特别好。

决策树是一种树状的结构,它拥有代表分类和分支的叶子,叶子代表了决定分类的特征的连接点。决策树的优点是知识表达直观、分类精度高、实现简单;缺点是对于包含不同级别的分类变量的数据,信息增益值偏向于具有更多级别的特征。决策树是通过最大化每个变量拆分处的信息增益来构建的,从而产生一个自然变量排序或特征选择。

2.3.3 基于集成的算法

一般地,有监督学习算法搜索假设空间,以确定正确的假设,将为一个给定的问题做出良好的预测。虽然好的假设很有说服力,但很难做到。集成方法结合了多个假设,希望形成比单独的最佳假设更好的假设。通常,集成方法使用多个弱学习器来建立一个强大的学习器。

随机森林是一种结合决策树和集成学习的机器学习方法。森林由许多使用随机挑选的数据特征作为输入的树组成。森林生成过程构建一个控制方差的树集合。预测结果可以由多数投票或加权投票决定。随机森林的优点是:随着森林中树木数量的增加,模型的方差增加,而偏差保持不变。随机森林也存在一些缺点,如模型可解释性低,相关变量导致的性能损失,以及对随机生成器的依赖性。

2.4 深度学习

深度学习是机器学习技术的一种,其特殊之处在于具有多层神经网络能够逐层学习输入样本内部的知识,并且能够在每层中自动提取特征作为下层的输入,促进学习效果,优化分类性能。深度学习起源于图像处理领域,后又扩展到网络安全领域。入侵检测、异常行为检测等问题被抽象为分类问题后利用深度学习的自动学习和挖掘能力发现异常行为。本书主要介绍了卷积神经网络和循环神经网络两种常见的深度学习模型。

2.4.1 卷积神经网络

卷积神经网络是众多机器学习技术中的一种基于神经网络模型实现特征提取和感知的网络模型。卷积神经网络的运作方式与实际大脑感知图像的方式相似,图像被分成若干个小区域,并学习每个区域的特征来对输入图像进行分类。卷积神经网络根据实现的不同表现出不同的结构和性能,主要由卷积层、池化层、全连接层和输出层组成。卷积层使用卷积操作来实现权重共享,池化层用来降维。如图 2-1(a)所示,一个 3×3 的 2 维图像输入到卷积神经网络的卷积层,卷积核大小为 2×2,每个圆形区域是卷积核作用的范围,经过一次卷积操作以后的输出数据为 2×2 的 2 维图像。池化层的目的是降低特征映射的维数,它通常通过平均池化操作或最大池化操作来实现。如图 2-1(b)所示,池化窗口大小设置为 2×2,窗口横向和纵向的移动步长均为 2,经过一次池化操作以后,4×4 的图像就变成了 2×2 的图像。

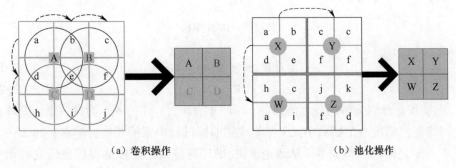

(a) 卷积操作　　　　　　　　　　(b) 池化操作

图 2-1　卷积神经网络

一般来说,一个或多个全连接层和一个 softMax 层通常放在输出层进行分类和识别。深度卷积神经网络通常包括多个卷积层和池化层,用于大规模图像的特征学习。

2.4.2　循环神经网络

传统的深度学习模型,如堆叠自编码器(stacked autoencoder,SAE)、深度信念网络(deep blief networks,DBN)、CNN 等,没有考虑时间序列的影响,因此不适合对时序数据进行学习。以一种典型的服从时间序列的自然语言为例,由于一个句子中的每个词都与其他词密切相关,因此在使用当前词预测下一个词时应使用前一个或多个词作为输入。显然,前馈式深度学习模型不能很好地完成这项任务,因为它们没有存储先前输入的信息。循环神经网络是一种典型的序列学习方法模型,它通过存储在神经网络内部状态的历史输入来学习序列数据的特征。有向循环被引入来构造神经元之间的连接,如图 2-2 所示。

循环神经网络包括输入单元 $\{x_0,x_1,\cdots,x_t,x_{t+1},\cdots\}$、输出单元 $\{y_0,y_1,\cdots,y_t,y_{t+1},\cdots\}$ 和隐藏单元 $\{s_0,s_1,\cdots,s_t,s_{t+1},\cdots\}$。如图 2-2 所示的一个 RNN 架构实例,在时刻 t,有

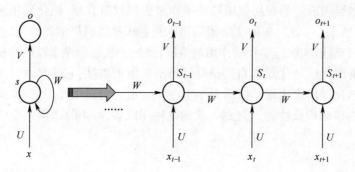

图 2-2 RNN 架构

$$s_t = f(W_{sx}x_t + W_{ss}s_{t-1} + b_s) \quad (2-1)$$
$$y_t = g(W_{ys}s_t + b_y) \quad (2-2)$$

式中：f 和 g 分别为编码器和解码器；$\theta = \{W_{sx}, W_{ss}, b_s; W_{ys}, b_y\}$ 为参数集。循环神经网络通过将前一个隐藏单元 s_{t-1} 集成到前馈过程中来捕获当前样本 x_t 与上一个样本 x_{t-1} 之间的依赖关系。从理论上讲，循环神经网络可以捕捉任意长度的相关性。然而，循环神经网络的参数训练采用反向传播策略导致的梯度消失，循环神经网络很难捕捉到长期的依赖关系。为了解决这个问题，出现了一些新的变形模型，例如长短时记忆（long short term memory, LSTM）能够防止梯度消失或梯度爆炸。

长短期记忆网络是一种优化的循环神经网络，通过隐藏 RNN 单元的循环连接且该单元上的输出仅与下一个节点的隐藏单元有循环连接，保障 RNN 每个时间点的输入数据都有其对应输出。由于 RNN 难以处理较长时间序列，研究人员优化模型结构，其中基于门控单元的门限 RNN 取得了较好的应用效果。LSTM 作为典型代表，增加了输入、输出和遗忘门限，动态更新自身权重系数，避免了梯度消失或膨

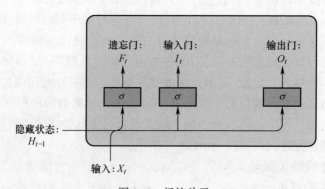

图 2-3 门控单元

胀。如图 2-3 所示，LSTM 的门输入均为当前时刻输入 X_t 与上一时刻隐藏状态 H_{t-1}，输出由激活函数 sigmoid 函数的全连接层计算得到，这 3 个门的值域均为 $[0,1]$。

图 2-3 给出门控单元结构图，其中 F_t 表示遗忘门限，决定上一时刻的隐藏状态 H_{t-1} 保留到当前时刻单元状态的权重，可表达如下：

$$\begin{cases} F_t = \sigma(X_t W_{Xf} + H_{t-1} W_{hf} + b_f) \\ I_t = \sigma(X_t W_{Xi} + H_{t-1} W_{hi} + b_i) \\ O_t = \sigma(X_t W_{Xo} + H_{t-1} W_{ho} + b_o) \end{cases} \quad (2-3)$$

式中：I_t 为输入阈值，决定当前时刻输入 X_t 保留到当前时刻单元状态的权重；O_t 为输出阈值，控制单元状态到 LSTM 的输出值。

2.5 博弈论

本节主要介绍博弈的基本概念、要素和分类方法。

2.5.1 基本概念

博弈论是指多个存在竞争或者冲突的理性决策个体，根据自身所掌握的关于自己和对方的全部信息，做出对自己最有利的行为决策，使自己的收益达到最大。博弈问题不只存在于游戏中，更拓展到了经济、安全领域以及人们的日常生活中。

下面给出一个经典的博弈事例——囚徒博弈[134]。警方将两个犯罪嫌疑人关入不同的审讯室并分别审问。若两个人都不承认罪行，保持沉默，则均被判入狱 2 个月；若双方都招认，则均被判入狱 5 个月；若一人招认而另一人沉默，则招认的一方释放，沉默的另一方入狱 8 个月。在这个博弈事例中，每个囚徒都有沉默和招认两种策略。如表 2-3 所示的双变量矩阵中，每组特定的策略组合被选定后，两个囚徒的收益情况如相应单元格的数据所示，逗号前的数值表示囚徒 1 的收益，逗号后的数值表示囚徒 2 的收益。

表 2-3 囚徒博弈

分类		囚徒 2	
		沉默	招认
囚徒 1	沉默	-2,-2	-8,0
	招认	0,-8	-5,-5

可以看到,无论囚徒 2 选择哪一个策略,囚徒 1 选择招认的收益总是比选择沉默的收益高;同样,无论囚徒 1 选择哪一个策略,囚徒 2 选择招认的收益总是比选择沉默的收益高。最终博弈的结果为(招认,招认),即囚徒 1 和囚徒 2 都选择招认。

2.5.2 博弈要素

一个标准的博弈有参与者、策略和收益三个基本要素。另外,还有信息结构、纳什均衡等重要概念。博弈论通常用来分析竞争或冲突,预测各个参与者博弈后的均衡状态。

1. 参与者

在博弈过程中能够理性做出决策的主体都是参与者。有两个参与者的博弈称为双人博弈,多个参与者的博弈称为多人博弈。

2. 策略

每个参与者都有自己的行动集合,参与者结合自身和对手的情况选择自己的行动方案称为策略。在一个博弈中,若参与者有无限个策略,则称为无限博弈;否则称为有限博弈。

3. 收益

参与者在博弈的某一个阶段做出决策后会有所收获,这种收获称为收益或效用。在博弈中,参与者所获的收益既与自己选择的策略相关,也与其他参与者选择的策略相关。

在表 2-4 的囚徒博弈中,假设囚徒 1 选择沉默的概率是 x_t、选择招认的概率是 $1-x_t$,囚徒 2 选择沉默的概率是 y_t、选择招认的概率是 $1-y_t$。那么囚徒 1 和囚徒 2 的收益表示如下:

$$U_1(x_t,y_t) = x_t y_t(-2) + x_t(1-y_t)(-8) + (1-x_t)y_t(0) + (1-x_t)(1-y_t)(-5) \tag{2-4}$$

$$U_2(x_t,y_t) = x_t y_t(-2) + x_t(1-y_t)(0) + (1-x_t)y_t(-8) + (1-x_t)(1-y_t)(-5) \tag{2-5}$$

表 2-4 带行动概率的囚徒博弈

分 类		囚徒 2	
		沉默(y_t)	招认($1-y_t$)
囚徒 1	沉默(x_t)	-2,-2	-8,0
	招认($1-x_t$)	0,-8	-5,-5

4. 纳什均衡

表2-4中的囚徒博弈实例可以用剔除严格劣战略的方法分析得到最终解,然而剔除严格劣战略的方法并不适用于所有的博弈事例。下面给出博弈论中通用解的定义——纳什均衡。

定义2.1 在有 n 个参与者的标准式博弈 $G = \{s_1,\cdots,s_n;u_1,\cdots,u_n\}$ 中,如果策略组合 $\{s_1^*,\cdots,s_n^*\}$ 对每个参与者 i 都满足,s_i^* 是最优或者不劣于其他 $n-1$ 个参与者所选择的策略,这个策略组合就称为该博弈的一个纳什均衡。即

$$u_i(s_1^*,\cdots,s_{i-1}^*,s_i^*,s_{i+1}^*,\cdots,s_n^*) \geqslant u_i(s_1^*,\cdots,s_{i-1}^*,s_i,s_{i+1}^*,\cdots,s_n^*) \quad (2-6)$$

对所有 s_i 都成立,即式(2-7)中的 s_i^* 是最优化问题的解:

$$\max_{s_i} u_i\{s_1^*,\cdots,s_{i-1}^*,s_i,s_{i+1}^*,\cdots,s_n^*\} \quad (2-7)$$

由定义2.1可知,纳什均衡是一种策略组合,每个参与者单独改变自己的策略无法提高自身的收益,可见每个参与者的策略必须是针对其他参与者所做策略的最优反应。

2.5.3 博弈的分类

博弈论有很多分类方法,除上述基本概念中提到的分类外,还可以根据博弈参与者行动的先后顺序、参与者之间的关系、参与者掌握对手信息的完整程度分类。

1. 静态博弈和动态博弈

静态博弈是指博弈的所有参与者同时采取行动,或者它们不同时行动但是对彼此的行动顺序并不知晓。动态博弈是指博弈的参与者之间行动有先后顺序,并且后行动的参与者知道先行动的参与者所做的策略。

2. 合作博弈和非合作博弈

合作博弈是指博弈的参与者之间达成一致协议(对博弈各个参与方具有约束力)或者形成联盟,参与者在博弈的过程中会选择对各个联盟方均有利的策略。非合作博弈是指参与者之间不存在约束性协议,参与者独立做出决策的博弈。

3. 完全信息博弈和不完全信息博弈

完全信息博弈是指在博弈过程中,每个参与者都对其他所有参与者的行动、策略及收益函数完全知晓。不完全信息博弈是指参与者不对其他所有参与者的行动、策略及收益函数完全知晓。

经常应用在军事安全领域的 Stackelberg 博弈常用来模拟为静态非合作完全信息博弈和静态非合作不完全信息博弈,如警察抓小偷,假定警察和小偷行动顺序有先后,双方处于敌对状态无合作,且双方都会在暗地收集关于对方的信息,故可以根据不同的场景模拟为完全信息博弈和非完全信息博弈。

2.5.4 博弈理性模型

博弈论作为一个经典的策略分析工具,已经应用到大量的研究领域中。无论是在经济领域还是在安全领域,参与者的理性假设都是研究的前提。在利用博弈论分析问题时,参与者是第一要素,参与者的每个策略都可能影响其自身或对手的收益,所以参与者的行为至关重要。有学者开展了大量实验来研究参与者的行为模型。参与者的行为可以分为完全理性行为和有限理性行为。

1. 完全理性行为模型

完全理性(perfect,PFC)是经典博弈论的研究基础,假设每个参与者的行动目标都是利益最大化,具体表现为参与者掌握自己和对手的全部信息(策略和对应的收益),并且能够根据这些信息做出最优的决策,为自己赢得最大化的利益。在博弈论中,完全理性的攻击对手会选择满足自己收益 U_a 最大化的策略 $y_t^* = \max U_a(t,x)$。

2. 有限理性行为模型

有限理性理论认为,在较复杂的环境下决策个体受心理因素及周围环境影响只具有有限的理性,在现实生活中人们解决问题的时候通常依靠历史经验或者各自的喜好。逐渐地,有限理性研究开始与人工智能、博弈论相结合,用来描述参与者个体在选择策略时的有限理性行为。

将研究人员对参与者的行为预测与实际数据对比可以发现,预测与实际结果之间存在偏差,个体或者组织的认知判断能力会随着决策信息的考量越来越多而出现"非完全理性"的现象,与假设的"完全理性"有所偏差。Simon 等扩展了理性的研究视角,在经典的决策理论基础上,结合用户行为实验提出了有限理性的假说,并研究了"有限理性"的个体如何配置稀缺资源[135-136]。

下面介绍三种在本书中应用的有限理性行为模型。

1) PT 模型

PT(Prospect Theory)模型是 19 世纪 80 年代 Kahneman 和 Tversky 通过对行为经济学的分析提出的一种有限理性的用户行为模型[137]。PT 在决策过程中分框架和评估两个阶段。在框架阶段决策人建立与策略相关的行动,可能性和输出结果的表现形式。在评估阶段决策人依赖价值函数和权重函数评估每个策略的前景价值并做出决策。每个备选目标的前景定义为

$$\text{prospect} = \sum_l \pi(q_l) V(C_l) \tag{2-8}$$

式中:q_l 为策略人收益为 C_l 的概率;$\pi(q_l)$ 为 q_l 所占的权重;$V(C_l)$ 为收益 C_l 的价值。

式(2-9)的权重函数 $\pi(\cdot)$ 强调了策略权重与概率之间的关系：

$$\pi(q) = \frac{q^\gamma}{(q^\gamma + (1-q)^\gamma)^{\frac{1}{\gamma}}} \quad (2-9)$$

式(2-10)的价值函数 $V(C_l)$ 反映了收益 C_l 所具有的价值。价值函数描述了决策人对风险的不同敏感程度，即

$$V(C) = \begin{cases} C_l^\alpha & (C \geq 0) \\ -\theta(-C)^\beta & (C < 0) \end{cases} \quad (2-10)$$

决策人在面临正的收益时会很小心，不愿冒风险；而在面临负的损失时会不甘心，容易冒险。

2) QR 模型

QR(Quantal Response)模型于 1995 年首次被 Mckelvey 提出[138]，用来模拟参与者的有限理性行为。QR 模型假定攻击对手的行为是有限理性的，有限的理性程度用参数 λ 控制，其攻击行为概率的预测公式为

$$y_t = \frac{e^{\lambda U_a(t,x)}}{\sum_{t \in T} e^{\lambda U_a(t,x)}} \quad (2-11)$$

式中：$\lambda \in [0, \infty)$ 是用来控制攻击行为理性程度的一个正参数，也可以用来指代攻击行为中出现的错误级别或者数量。当 $\lambda = 0$ 时，对手行为中存在许多错误，此时对手处于完全不理性的状态；当 $\lambda \to \infty$ 时，对手行为中错误较少，此时对手处于相对理想的状态。

3) SUQR 模型

SUQR(Subjective Utility-based Quantal Response)模型在 2013 年被首次提出[100]，SUQR 模型是在 QR 模型的基础上结合主观期望效用得到的一种用户有限理性行为模型。主观期望效用(subjective expected utility, SEU)[139]是在 20 世纪 50 年代提出的理论体系，并形成了严格的哲学基础和公理框架的统计决策理论。SEU 的创新之处在于它是一个关于价值 V_i 和概率 ω_i 的线性组合，如式(2-12)所示。将 SEU 代入式(2-11)中可以得到 SUQR 模型关于对手的攻击概率预测，如式(2-13)：

$$U_S = \sum_{i=1}^{S} \omega_i V_i \quad (2-12)$$

$$p_i = \frac{e^{U_S^i}}{\sum_{j=1}^{n} e^{U_S^j}} \quad (2-13)$$

第3章
基于网络流量的异常行为检测

随着互联网的快速发展,维护网络安全越来越具有挑战性。机器学习为异常网络流量识别提供了新的解决方案。多数情况下,机器学习方法需要在预定义的数值型流量特征数据上训练有监督分类器,因此分类的有效性在很大程度上依赖流量的特征表示。如何设计准确的流量特征表示来表征网络层的行为特性,并学习流量中隐藏的空间信息对训练精准的检测模型至关重要。

3.1 流量特征表征

网络流量又称为数据量,是指在给定时间范围内通过网络的数据量。借助Wireshark、Fiddler、Charles等抓包工具,网络分析人员能够捕获到通过网络的具体数据包,通过解析数据包深入分析和探查网络性能及安全状况。为了保障网络安全,及时发现网络异常行为,入侵检测(Intrusion Detection, ID)是网络安全领域的重要防护手段,通过实时地监视网络或者系统的运行状况,一旦发现异常情况,就立即发出警告或采取防御措施,保护网络或系统安全。自1980年入侵检测的概念系统出现以来,已经迅速衍生出多种多样的检测系统,逐渐成为各种网络和应用中不可或缺的重要防线。各大研究机构也在入侵检测技术研究发展的过程中共享了宝贵的数据集资源。其中,最为经典常用的数据集是KDD99和改进后的NSL-KDD,KDD99是用来从正常连接中检测异常数据的数据集,来自1999年的第三届国际知识发现和数据挖掘工具竞赛,目的是建立一个稳定的入侵检测系统。如表3-1所列,该数据中使用41个特征和1个标签标记每条网络连接的属性。数据集中共覆盖5种不同类型的连接,5种标签分别为DoS攻击、R2L、U2R、探针攻击和正常。

表 3-1　NSL-KDD 数据集特征基本情况

特征序号	特征解释
1~9	TCP 连接的基本特征
10~22	TCP 连接的内容特征
23~31	基于时间的网络流量统计特征,使用 2s 的时间窗
32~41	基于主机的网络流量统计特征,主机特征,用来评估持续 2s 以上的攻击

最初的检测方法基于统计学开展,如针对某一种或者多种特征的统计特征判断该连接是否正常。随着机器学习的出现,基于聚类、分类、集成等基于距离计算的检测方法逐渐得到应用,但是基于距离计算的方法在检测规模和性能上逐渐暴露出不足,所以人们开始研究深度学习方法。但是,多数的深度学习模型需要图像作为输入,学习图像内部的空间知识和图像之间的时序知识,所以需要流量特征表征为深度学习可接受的图像格式。对此有学者展开了大量的研究,其中常用的有向量直接转换、向量数据空间转换、向量合并转换和向量组合转换。

一条原始的特征向量记为 $x = \{x_1, x_2, \cdots, x_i, \cdots, x_n\}$,如图 3-1 所示。

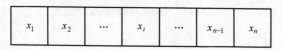

图 3-1　行向量原始图

3.1.1　直接转换

直接转换方法在原有流量特征的基础上不进行二次加工,而是直接采取重塑数据形状的策略,python 语言常用的直接转换命令表示如下:

$$X' = \text{reshape}(x, a, b) \tag{3-1}$$

式中:原始流量特征 x 记为 $1 \times n$ 的行向量,通过 reshape 命令将其转换为大小 $a \times b$ 的方阵,如图 3-2 所示。当 $a \times b > n$ 时,需要设置缺失值的填充方式;缺失值的填充选项可以自定义,常见的填充值为常量 0 或者 1。

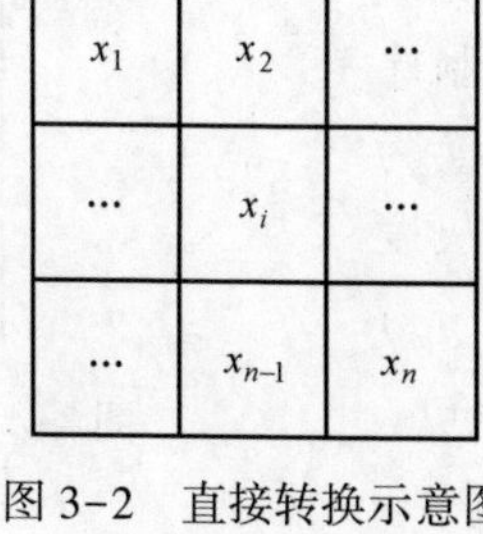

x_1	x_2	...
...	x_i	...
...	x_{n-1}	x_n

图 3-2　直接转换示意图

3.1.2 数据空间转换

数据空间转换方法在原始流量特征的基础上进行二次加工,本节主要介绍将数据转换到频域空间的转换方法,即

$$X(k) = \sum_{n=0}^{N-1} x(n) \mathrm{e}^{-\mathrm{j}\frac{2\pi kn}{N}} \quad (k = 0, 1, \cdots, N-1) \quad (3-2)$$

式中:原始的 $1 \times n$ 向量 $\boldsymbol{x}$ 标记为 $[x(1), \cdots, x(n)]$,将其看作时域内的向量,通过离散傅里叶变换(DFT)将其转换到频域空间,转换为 $1 \times N$ 的向量,$N \gg n$,N 为自定义的频域空间采样点数量(图 3-3)。

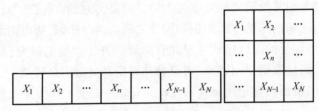

图 3-3 数据空间转换示意图

3.1.3 合并转换

合并转换方法在原始流量特征基础上进行二次加工,本节主要介绍特征合并策略,即

$$X' = [\mathrm{func}(x_1, x_2, x_3), \cdots, \mathrm{func}(x_{n-2}, x_{n-1}, x_n)] \quad (3-3)$$

该方法首先将原始向量中的 n 个数值按顺序划分为 p 组($p < n$),将每个小组内的数值按照某种自定义的函数整合得到一个数值,以此类推,原始 $1 \times n$ 的向量可转换为 $1 \times p$ 的向量。通常,x_i 为 one-hot 编码后得到的二进制数,在二进制序列的基础上,每 8 位二进制转换为十进制数值 p_j 作为图像像素灰度值,最后将向量 $\boldsymbol{P} = (p_1 \cdots p_j \cdots p_m)$ 转换为矩阵,输出为图像(图 3-4)。

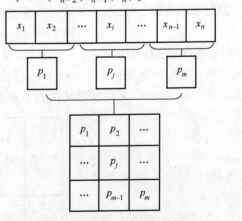

图 3-4 按序合并转换示意图

3.1.4 组合转换

组合转换方法对原始的流量特征进行二次加工,采取不同的策略组合处理原始特征,即

$$X' = [\text{func}_1(\cdots,x_i,\cdots),\cdots,\text{func}_p(\cdots,x_j,\cdots)] \quad (3-4)$$

该方法首先将原始向量中的 n 个数值按照某种自定义或者随机的组合方式划分为 p 组($p<n$),将每组内的数值按照某种自定义的函数整合得到一个数值,以此类推,原始 $1\times n$ 的向量可转换为 $1\times p$ 的向量。例如,可以将原始向量中所有的离散类型的特征数值整合为一组,所有连续型的特征数值整合为一组(图 3-5)。

综上所述,上述直接转换、合并转换、组合转换可近似看作侧重于表征原始特征的空间知识,数据空间转换可看作侧重于表征原始特征的频域知识。

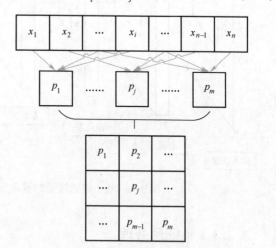

图 3-5 乱序组合转换示意图

3.2 基于空域知识的异常检测应用

在常见的网络异常行为检测问题中,检测的目的是识别出与正常网络流量不同的流量作为异常行为的根据,然后将异常情况报告给安全运营商以便其制定下一步的防御策略。本书介绍如何识别异常行为,并将其抽象为一个有监督的二分类问题。借助深度学习技术,学习网络流量的空域特征来提高检测精度。基于网络流量的异常行为检测机制架构如图 3-6 所示,首先用 TcpDump 来捕获流量数据包,从原始的流量数据包中提取周期性的统计特征,然后将行为长向量进行离散特征编码,并将特征表征为深度学习模型可以接受的图像数据格式,训练模型和测试新产生的流量。

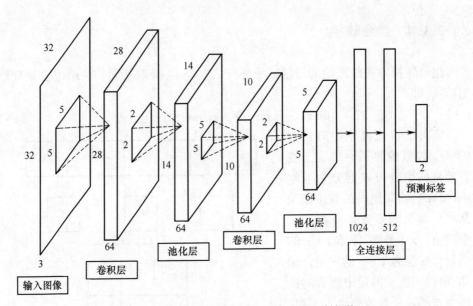

图 3-6 基于网络流量的异常行为检测机制架构

3.2.1 特征预处理

1. 特征编码

有一些离散的网络流量特征不能直接作为分类器的输入,如 TCP、UDP、HTTP 协议。独热编码可将离散特征编码为 0-1 向量。每个离散特征可以转换为 N 位数字,其中只有一个 1,$N-1$ 个 0,这里 N 为每个离散特征中唯一值的数量。如表 3-2 所列,TCP 的编码为(1 0 0),UDP 的编码为(0 1 0),HTTP 的编码为(0 0 1)。这样,一个离散特征"协议"被表示成三个数值特征。

表 3-2 利用独热编码表示离散特征举例

离散特征	数值特征		
协议	特征 1	特征 2	特征 3
TCP	1	0	0
UDP	0	1	0
HTTP	0	0	1

如果一个离散特征包含很多唯一值,经过独热编码后得到的向量将会是包含多数 0 和少数 1 的稀疏向量,这样的稀疏输入向量将会影响深度神经网络模型,例如 CNN 的卷积效果和优化性能。如图 3-7 所示,假设共有 5 个离散特征,每个离

散特征都有不同数量的唯一值($N_1=2, N_2=4, N_3=2, N_4=5, N_5=3$),经过独热编码后的向量维度为16(2+4+2+5+3=16),可见特征从5个增加到了16个。所以,为了避免独热编码后的特征维度增加,有必要执行特征合并表示策略。

假定每个离散特征在特征合并过程中都是同等重要的,并且不考虑独热编码后的二进制特征之间的顺序关系。将每8位二进制特征转化成一个十进制的数值,作为特征转化为图像的一个像素值。如图3-7所示,16个二进制特征经过合并后,得到2个十进制特征。由此可见,在独热特征编码和二进制特征合并两项操作后,5个离散特征最终表示成2个数值特征,降低了特征的维度。

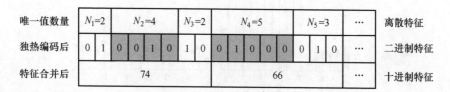

图3-7 二进制特征合并示例

上述特征在合并过程中隐含一种特例,例如前3个特征独热编码后的二进制特征恰好是8位,后2个特征独热编码后的二进制特征也恰好是8位,这样的特例在特征合并的过程中,可直接将原始的多个特征按照8位二进制组合方式合并得到十进制特征,避免了将同一个原始特征的二进制编码序列拆分。例如,$N_1=2$,$N_2=5, N_3=2, N_4=4, N_5=3$的独热编码特征组合,需要将第三个特征编码后的两个二进制位拆分成两部分:一部分用于和前两个特征组合,另一部分用于和后两个特征组合,这样的组合方式在某种程度上破坏了特征的完整性。所以,本章提出了一种组合转换特征的表示方式[140],以追求特征在编码和表示过程中的特征完整性。

2. 特征降维

面对海量特征的数据样本时通常会存在一些无用特征或者噪声特征,所以特征降维对提升数据质量和模型训练效率至关重要。常用的特征降维方法有很多,可以基于统计指标过滤特征;但是,由于特征值的范围不同,不宜使用标准差来比较特征的离散性。变异系数定义为

$$C_{v_i} = \frac{\sigma_i}{\mu_i} \times 100\% \tag{3-5}$$

式中:σ_i和μ_i分别为第i个特征的标准差和均值。

通常,较高的C_{v_i}表示较高的离散性,拥有较高C_{v_i}的特征起着更重要的作用。特别是,当均值$\mu_i=0$时,相对应的特征将被视为相对不重要。NSL-KDD数据集中的41个特征值的变异系数如图3-8所示,由图可见,在同一个数据集中,不同的

特征作用也各不相同。

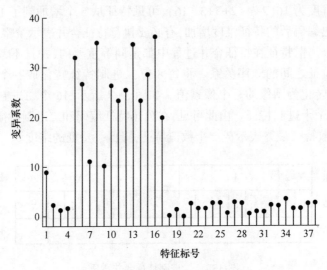

图 3-8　样本特征值的变异系数

以 NSL-KDD 数据集为例,每条样本的原始特征数量是 41 个,合并约简特征后的特征数量是 38 个,去除均值为 0 的特征后的特征数量是 37 个,去除变异系数小于 0.5 的特征后的特征数量是 36 个。特征数量在这 4 个变化范围 {41,38,37,36} 内的检测性能对比如图 3-9 所示。可以发现,分类效果最好的特征数量落在了 37,它可以获得 81.3% 和 65% 的准确率,30% 和 49% 的漏报率。因为 37 个特征几乎涵盖了全部的信息,有助于深度学习模型挖掘样本的隐含特征。这个对比结果也说明了对离散的符号类型特征的合并策略是可行的,几乎不会损失信息。同时,也可以看出用带有 38 个特征的样本和 37 个特征的样本测试得到的分类结果差距很小,这说明了特征均值为 0,或者只有一个唯一值的特征对学习样本特征没有发挥作用,所以这种特征对最终的模型分类性能影响较小。另外,分类结果最不好的情况落在了 36 个特征上,因为 36 个特征的实例相比 37 个特征的实例舍弃了一个变异系数大于 0 小于 0.5 的特征,这个特征虽然重要程度较低,但是在一定程度上影响了分类器的学习能力。因此,合适的特征集对深度学习模型提取和挖掘样本的隐含特性至关重要。

此外,在上述四种特征子集上训练和测试的时间如图 3-10 所示。由图可见,特征数量越多,训练时间越长。由于测试数据集的规模较小,测试时间明显低于训练时间。测试时间对测试样本的特征数目比较敏感,检测每个测试样本所需的时间约 0.4ms。所以特征精简后的数据集有望应用在实时检测的任务中。

3. 数据归一化

归一化操作可以消除不同维度的数据之间的差异而被广泛应用于机器学习

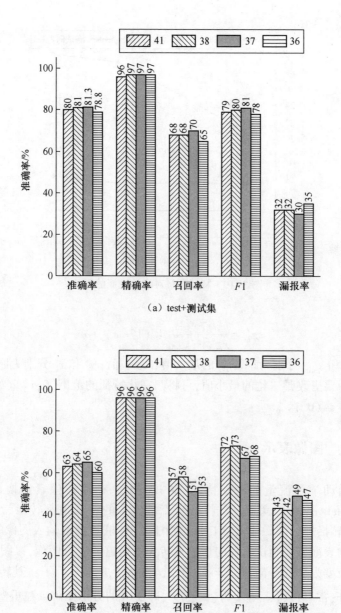

图 3-9 特征数量对异常行为检测结果的影响分析

中。不同尺度范围的特征会导致训练的模型不稳定,因此有必要将所有的特征都归一化到相同的分布空间。为减少 CNN 模型训练过程中 0 值的数量,可以采用重映射最大最小归一化方法,即

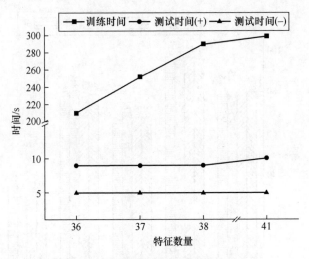

图 3-10　特征数量对时间性能的影响

$$x_i' = \frac{x_i - x_{\min}}{x_{\max} - x_{\min}} \times (1 - a) + a \tag{3-6}$$

式中：$x_{\max}$ 和 $x_{\min}$ 分别为特征 x_i 的最大值和最小值；x_i 和 x_i' 分别为原始特征和归一化特征。要更改归一化的最小值，可将归一化特征的范围[0,1]重新缩放为[a, 1]，参数 $a \in (0, 1)$。

3.2.2　图像表示

为了自动学习流量的深层特征,本书提出一种循环像素置换(recirculation pixel permutation,RPP)策略[140]将所有流量样本的特征值都转换为图像的像素值,然后将转换后的图像输入给 CNN。由于 CNN 擅长提取输入图像的空间特征,因此现有的表征方法尝试将长向量输入转为三通道的方形图像,以图 3-11 为例,假设一个长度为 9 的行向量 $x_i = \{1,2,3,4,5,6,7,8,9\}$,为了将其转换为方阵图像像素矩阵,常直接将 x_i 重塑为 $\sqrt{9} \times \sqrt{9}$,即 3×3 的方形矩阵。在重塑方阵的过程中,行向量内部特征之间的空间结构被破坏。例如,在图 3-11(c)中,当 CNN 的卷积窗口大小为 2×2 时,当前窗口内学习的像素为位置 2、3、5 和 6 之间的空间知识,而行向量中位置 3 和 4 的特征之间的空间知识被破坏,导致模型无法学习到位置 3 和 4 之间的空间关系信息。

RPP 策略尽量保留空间特征知识,在一个卷积窗口内的所有像素点都是原行向量中的相邻特征,没有破坏特征间的空间知识。RPP 策略将长向量转换为循环矩阵,即

图 3-11 图像表征原理示例

$$\boldsymbol{x}_i = [x_{i1}, \cdots, x_{in}] \rightarrow \begin{bmatrix} x_{i1} & \cdots & x_{in} \\ \cdots & x_{in} & \cdots \\ x_{in} & \cdots & x_{i1} \end{bmatrix}_{n \times n} = \boldsymbol{x}_i' \qquad (3-7)$$

式中:$\boldsymbol{x}_i$ 为数据集中的一个样本,具有 n 个元素的原始长向量为 $\boldsymbol{x}_{ij}(j=1,2,\cdots,n)$;$\boldsymbol{x}_i'$ 的数据规模为 $n \times n$,通过将 $\boldsymbol{x}_i$ 中的每个元素向前移动一个位置得到,最后 $\boldsymbol{x}_i'$ 用于表示已转换图像的像素值。RPP 策略不仅可以保留样本内部的特征之间的原始空间结构,还有助于 CNN 深入挖掘相邻特征之间的空间知识。

以 NSL-KDD 数据集为例,图 3-12 中展示了通过 RPP 策略转化的流量特征图像实例,分别对应正常流量、DoS 和 Probe 两种攻击。

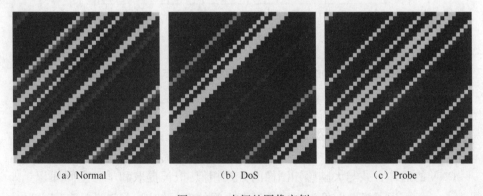

图 3-12 表征的图像实例

以 NSL-KDD 和 UNSW-NB15 数据集为例,5 折交叉验证分类的 ROC 曲线如图 3-13 所示,5 组检测结果相近,该图像表示具有较好的泛化能力。

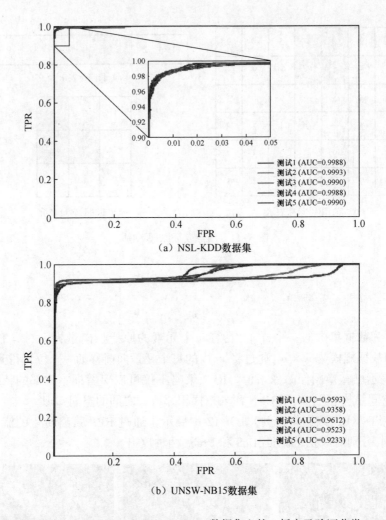

图 3-13(见彩图)　NSL-KDD 和 UNSW-NB15 数据集上的 5 折交叉验证分类 ROC 曲线

3.2.3　异常检测模型建立

CNN 的运作方式与大脑感知图像的方式相似,擅长提取和学习空间知识。如图 3-14 所示,为了提取图像中不同像素点之间的空间知识,首先设计自定义尺寸的卷积窗口,卷积层可以通过卷积窗口在输入图像上滑动并学习窗口内的局部空间特性,对一个卷积窗口内的特征进行卷积运算后将学习到的知识作为一个像素点保存到输出图像中;然后池化层可以通过自定义池化窗口的大小,在一个窗口内基于最大池化原理将输入图像像素降维后输出到下一层卷积(图 3-14);以此类推,最后全连接层从输入图像的特征空间中学习全局知识,并通过输出层预测输入图像的类别。模型参数配置:Adam(adaptive moment estimation optimization algorithm)优化算法,50个轮次(epoch),1024批次(batch)大小,学习率为10^{-3},损失函数为交叉熵,利用验证集调节分类模型的参数。在测试集上测试分类模型的异常行为检测性能。最后输出分类模型的评估指标。

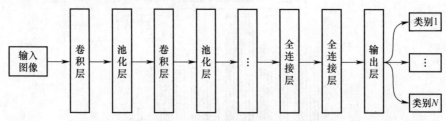

图 3-14 卷积神经网络原理

为了较好地学习网络层行为特征图中的空域知识,基于上述图像表示的异常模型建立和检测流程如算法 3-1 所示。模型的输入为网络层的行为特征数据集 D,其中包括训练集、验证集和测试集。首先对行为特征进行预处理,去除冗余无用的特征来降低特征维度,再对数据进行归一化处理以消除特征值差异大对分类模型的影响;然后,利用上面提到的循环移位策略将特征表征成分类模型可以接受的 RGB 图像,构建图像数据集 D' 来训练分类模型。

算法 3-1　NADSR 检测算法

输入:网络层行为特征数据集 D 包含训练集、验证集、测试集
预处理:特征降维,数据归一化
数据表征:
　　对 D 中的每个样本 x,执行
　　　　$x=(x_1,x_2,\cdots,x_n)=x'(1,:)$
　　循环 n 次,执行
　　　　$x'(i+1,:)=(x_{i+1},x_{i+2},\cdots,x_n,x_1,\cdots,x_i)$
所有的 x' 组成新的数据集 D'
模型训练:利用数据集 D' 训练机器学习分类模型
异常行为检测:验证和测试分类模型
输出:分类的评价指标

利用 NSL-KDD 数据集训练不同的机器学习分类器,其检测结果如图 3-15 所示。横轴表示 7 个评估指标,图例表示支持向量机(SVM)、k 近邻(KNN)、决策树(DT)、随机森林(RF)、朴素贝叶斯(NB)、逻辑回归(LR)和 NADSR 7 种检测方法[140]。结果表明,NADSR 方法的 AUC、准确率、精确率和 F1 均最高,漏报率和误

报率最低。数据拟合时,深度学习模型可以提取比传统机器学习模型更复杂的特征,挖掘样本的隐含特征。因此,在处理图像数据的分类任务时,深度学习模型比浅层学习模型具有更好的表征能力。

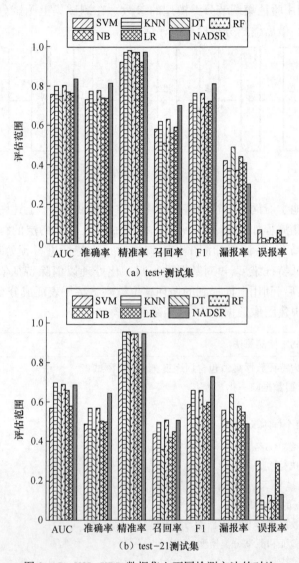

图 3-15 NSL-KDD 数据集上不同检测方法的对比

3.2.4 分析讨论

现有的特征表示方法或者破坏了特征的统一性,或者丢失了部分相邻特征的空间知识,使得在所获得的图像上训练的分类器因信息的丢失而表现不好。基于图像表示的网络异常行为分类还处于起步阶段,尽管它与其他方法相比可能不是最佳解决方案,但它探索了一种新的特征提取模式,可以将数据处理成图像,进而开展基于深度学习模型的相关研究。

3.3 基于频域知识的异常检测应用

网络流量记录用户访问主机所有网络连接的发起时间、源 IP 地址、目的 IP 地址和建立连接时长等信息。日志审计平台基于收集到的流量日志进行解析、挖掘,基于规则库完成网络异常行为检测。基于规则库的异常检测模型难以应对日益复杂的网络攻击,深度学习技术已被广泛应用于异常检测,本书介绍一种基于网络流量特征频域知识的异常检测算法的应用,将 FFT 用于网络流量处理,再将其以图像的方式表征。每条流量数据从低维向量映射至高维频域特征空间,表征为一幅图像的形式,将异常检测问题转化为图像分类问题。

基于网络流量频域知识的异常检测算法流程如图 3-16 所示。首先,利用 Tcpdump 抓包和 Wireshark 提取特征,从每条网络流量中提取出特征向量并以列表形式保存;其次,每条日志的特征向量进行快速傅里叶变换后采样多个频域特征点,将原始低维特征向量映射至高维特征空间;然后,将特征点转换为特征矩阵并以图像形式表征;最后,利用图像训练卷积神经网络模型检测异常(图 3-16)。

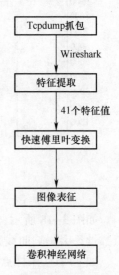

图 3-16 基于网络流量频域知识的异常检测算法流程

3.3.1 数据预处理

Tcpdump 是网络流量采集分析工具,可以截获网络中传送的数据包并分析。支持针对网络层、协议、主机或网络端口的过滤,提供源代码并公开接口,具有很强的可扩展性,是运维人员分析网络、排查问题的重要工具。Wireshark 是一个网络封包分析软件,可以分析 Tcpdump 抓取的流量日志并从中提取特征。

在原始日志特征向量中有 protocol_type、flag 和 service 三种文本型特征,本书统计其特征值数量,将文本特征转换为数值特征。例如,protocol_type 记录 tcp、udp、icmp 三种协议类型,本书将其替换为 0、1、2。通过数据预处理将日志特征向量转换为纯数值向量。

3.3.2 数据表征

快速傅里叶变换(FFT)是利用计算机计算离散傅里叶变换(DFT)的高效计算方法,采用这种算法可以减少计算傅里叶变换的相乘次数,尤其是当采样点数越多时,该算法速度提升越显著。傅里叶变换常用来处理信号和图片,DFT 的公式为

$$X(k) = \sum_{n=0}^{N-1} x(n) e^{-j\frac{2\pi k n}{N}} \quad (k = 0,1,\cdots,N-1) \tag{3-8}$$

本书尝试将其应用于处理特征向量,通过设置较大采样点数,将低维特征向量映射至高维特征空间。

特征向量在经过 FFT 和采样后,解决原始低维特征向量难以表征为高维数据的问题。如图 3-17 所示,选择一条正常日志的特征向量,将原始特征向量视为序列并进行快速傅里叶变换。

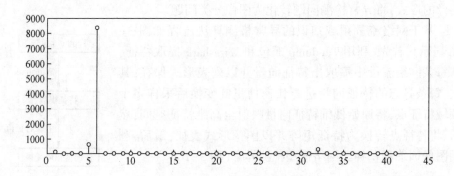

图 3-17 特征向量序列

如图 3-18 所示,依次设置 512 个、1024 个、2048 个、4096 个采样点,可见采样点数量只会影响曲线密度,曲线仍保持相同的分布。

如上所述,采样点数不会影响特征分布趋势,但会改变特征密度。以 NSL-KDD 数据集为例,设置 1681、4096、5184 三组采样点个数,其对应图像大小分别为 41×41、64×64、72×72。表 3-3 列出了各采样点数对应的准确率,可以看出不同采样点个数直接影响数据特征质量及后续模型性能,当采样点数不足时,不能较好表征数据导致准确率较低,并且出现过拟合现象;当采样点数量较大时,即可得到性能较优的训练模型,但较多的采样点数会导致模型训练过程慢,72×72 图像较 64×64 图像训练时长多了 10min。

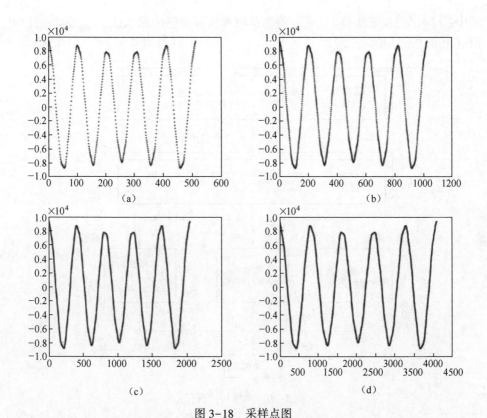

图 3-18 采样点图

表 3-3 不同采样点数准确率

图像大小	72×72	64×64	41×41
NSL-KDD Test+(%)	99.92	99.9	57.16
NSL-KDD Test+(%)	99.88	99.85	82.15

图像转换流程如图 3-19 所示。以图 3-17 中的数据为例,逐步说明如何将特征向量转换为图像。得到 4096 个采样点后,使用 Reshape 方法将 1×4096 的特征向量变换为 64×64 的二维矩阵。Reshape 方法可以将指定的矩阵变换为特定维数的矩阵,且不改变矩阵中的元素,可以调整矩阵的行数、列数、维度。然而,经过傅里叶变换后特征值是复数,不能直接作为图像中的像素值,因此取变换后的数组的实部、虚部、实部和虚部的平方和作为三个通道像素值。当前矩阵的元素需要进一步处理后才能作为像素值,即

$$x_{\text{new}} = \left[\frac{x - x_{\text{new}}}{x_{\max} - x_{\min}} \times 255 \right] \quad (3-9)$$

式中：x 为当前位置矩阵值，x_{max} 为当前位置所有矩阵中最大值，x_{min} 为当前位置所有矩阵中最小值。

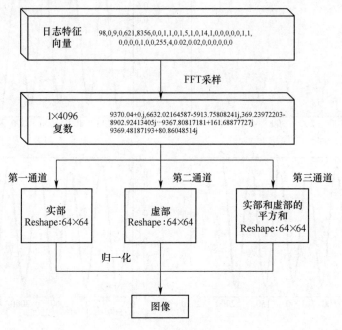

图 3-19　图像转换流程

经过上述操作，每条日志的特征向量都被表征为图像，以 NSL-KDD 数据集为例，该数据集共有 Normal、DoS、Probe、R2L 和 U2R 5 类网络流量。如图 3-20 所示为每类数据所对应日志图像，从视觉上可见正常数据、异常数据所对应图像存在较大差异。

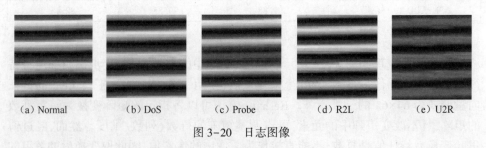

（a）Normal　　（b）DoS　　（c）Probe　　（d）R2L　　（e）U2R

图 3-20　日志图像

以 NSL-KDD 数据集为例，基于此种日志表征方法在 Test+测试集的检测混淆矩阵如表 3-4 所列，可以看出大部分日志都能被准确率分类，该模型性能能够满足实际需求。错误分类的样本数量仅为 21 个，考虑到测试样本数量超过 2 万个，充分证明基于流量特征的频域知识表征算法是有效的。表 3-5 给出 Test+测试集在 ResNet50 模型上的各项指标,且数值均超过 99%,证明该算法适用于网络流量日志的表示学习。

表 3-4 NSL-KDD Test+ 混淆矩阵 （条）

NSL-KDD Test+	正常	异常
正常	9696	15
异常	6	12827

表 3-5 NSL-KDD Test+检测结果 （%）

准确率	精确率	召回率	F1
99.9	99.94	99.85	99.89

3.3.3 异常检测模型建立

基于上述步骤将异常检测分类问题转换为图像处理分类问题,本书训练卷积神经网络完成异常日志识别。近年来,许多研究人员致力于研究更适配的 CNN 模型,通过加深网络层数、改进损失函数、加入残差模块、加入注意力机制等方法,采用卷积操作找到周围特征的特定组合模式,解决人工提取特征表征能力差的问题。本书应用多种经典 CNN 模型,在 VGG、ResNet50、DenseNet 上验证提出的数据表征算法都得到了较高的检测准确率。

本书主要使用 ResNet50 作为分类模型,模型设置参数如表 3-6 所列。ResNet50 于 2015 年提出,是当前应用最为广泛的卷积神经网络模型,解决随着网络层数增加,出现梯度消失导致网络难以收敛的问题。在 ResNet50 中,提出通过引入残差层进行拟合残差映射,将期望的基础映射表示为 $H(x)$,将堆叠的非线性层拟合为一个映射 $F(x) = H(x) - x$,原始映射被重构为 $F(x) + x$。并提出通过快捷连接实现层间响应,使得整个网络通过反向传播完成端到端训练,ResNet50 在同一数据集上的表现优于其他模型。

表 3-6 模型设置参数

参数名称	参数值
训练 batch_size	100
验证 batch_size	200
测试 batch_size	200
epochs	100
steps_per_epoch	300

表 3-7 为 NSL-KDD Test-测试集的检测混淆矩阵分析指标。由于 NSL-KDD 数据集是一个样本分布不均衡的数据集,在 Normal、DoS、Probe 三类上均有较多数量(超过一万条)的样本可用作训练,而在其他两类上仅为几百条。这给分类器带来严重的性能损害,影响训练模型阶段的收敛,具体表现为向样本数量多的类别拟合,尤其表现为难以识别出后两种攻击方式。样本分布不均衡在实际应用中是常见问题,目前研究人员提出通过下采样方式减少样本数量高的类别在数据集中占比、基于对抗生成网络生成小数量样本填充数据集、优化损失函数等方式克服样本不均衡对深度学习模型的影响。

表 3-7　NSL-KDD Test-混淆矩阵分析指标

NSL-KDD Test-	准确率	精确率	召回率	F1
Normal	0.99	0.65	1	0.79
DoS	0.82	0.53	0.82	0.64
Probe	0.72	0.99	0.73	0.84
R2L	0	0	0	0
U2R	0	0	0	0

3.3.4　分析讨论

应用快速傅里叶变换将特征向量映射至高维空间,并表征为图像形式为基于网络流量分析的异常检测提供新的思路,可作为网络流量异常检测的参考方案。应用该算法表征数据训练的 CNN 模型各项指标均有所提升,但在解决多分类任务时样本分布不均匀容易导致识别小数量类别样本难的问题。

3.4　基于数据增强的稀有异常检测应用

在现实生活中,异常事件,尤其是对社会存在潜在的不良影响的事件的检测越来越受到人们的重视。例如,在金融领域的诈骗检测,非法业务出现的概率约为十万分之一,一旦错误地将非法业务判定为合法业务,就会带来极大的经济损失;在网络安全领域的入侵检测,一旦错误地将恶意的服务请求判定为合理请求,严重时可能会导致系统直接瘫痪。从人工智能角度分析,稀有事件检测可看成数据挖掘中的分类问题。这些数据在日常生活中出现的频率相对较低,导致训练数据集中一种或多种类别样本的数量明显高于其他类别样本的数量。当机器学习分类器面临这种不均衡的训练数据集时,容易出现某些罕见事件的检测漏报,如 U2R 和

R2L 攻击。

机器学习在异常网络流量识别中的应用对训练数据的分布比较敏感,大多数的研究是在先验数据上训练有监督分类器,并且假定训练数据中不同类别的样本数目相近。实际情况总是不尽然,NSL-KDD 数据集中具有明显的类别不均衡现象,在模拟的美国空军局域网采集的 9 周网络连接数据中,正常连接样本数超过 60000 个,而 U2R 攻击的样本数不到 100 个。在这种情况下,U2R 攻击可以看作一种罕见的异常。当异常样本的数量少于正常样本的数量时[141-142],有监督方法通常在稀有异常行为分类中的准确性受限[69]。一般来说,在训练集中当某一类别数据的数量明显超过另一类别数据的数量时,可以认为训练集是不平衡的[143]。分类器一般不会为不平衡的训练数据集做好准备,它们很可能会预测新的样本为多数类,并漏掉可能对网络有害的真正少数类,如 U2R 攻击。

在 NSL-KDD 数据集上检测不同类别的检测率,图 3-21 显示了 NSL-KDD

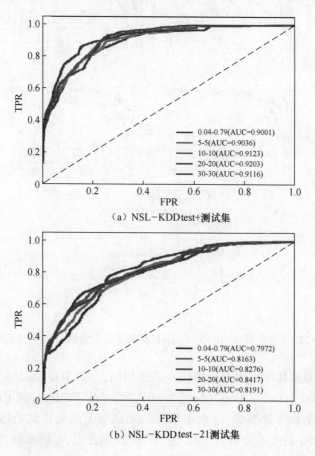

(a)NSL-KDDtest+测试集

(b)NSL-KDDtest-21测试集

图 3-21 (见彩图)不同比例(U2R-R2L)的 NSL-KDD 数据集上多分类的 ROC 曲线

test+和 NSL-KDD test-21 测试集上分类结果的 ROC 曲线。显然,在原始的不平衡训练集(U2R 和 R2L 分别占比 0.04% 和 0.79%)中 AUC 是最小的,在所有增强训练集(U2R 和 R2L 占比各自提升至 5%、10%、20% 和 30% 四种情况)中 AUC 都得到了改善。总体来说,随着少数类别数据在训练集中占比的增加,AUC 值逐渐增大。比较不同比例的 U2R 和 R2L 训练集获得的 AUC 值,可以发现每个类别占 20% 时有助于获得更稳定的分类性能。每个类别的分类详情如图 3-22 和图 3-23 所示,每个子图呈现了 U2R 和 R2L 在训练集中的占比情况下的分类结果。对于 U2R 和 R2L 的检测,AUC 值在增强训练集上得到了提高,其他类别检测的 AUC 值基本保持不变或增加。由图 3-22 和图 3-23 可知,不同类别的样本数量相近时,分类器的整体学习效果相对较好。

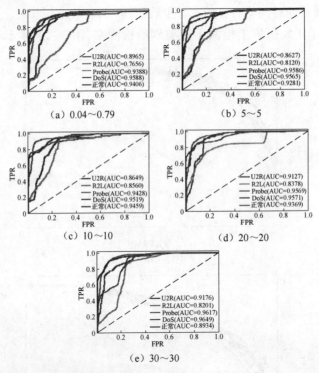

图 3-22　(见彩图)NSL-KDD test+ 测试集上各个类别的检测 ROC 曲线

控制训练数据集中不同类别的样本数量相同,并调节每个类别样本数量分别为 {10000,20000,30000,40000}(标记为 10k,20k,30k 和 40k),利用这 4 种不同规模的训练数据集训练分类器,分别在相同的测试集上测试得到的结果如图 3-24 所示。通过 ROC 曲线的分布和 AUC 值的变化情况发现,一般来说,训练数据集规

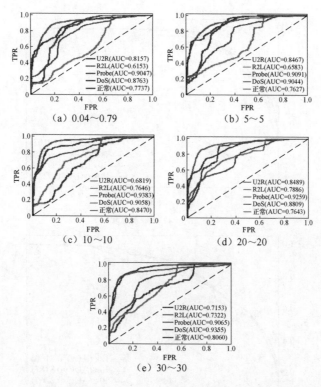

图 3-23 （见彩图）NSL-KDD test-21 测试集上各个类别的检测 ROC 曲线

模越大，训练的分类模型整体性能越佳，同时我们对比 4 组不同的 AUC 值发现，在不同规模的训练数据集上分类的 AUC 值差异在 2% 左右。所以，不均衡率和样本整体规模对检测结果有着直接的影响。

本节提出了一种数据增强方法[144]，主要解决如何应对训练集不平衡带来的影响。根据现有定义[143]，任何数据中在不同类别之间呈现不相同的数量分布时均可看成不均衡。通过分析文献[47-49,85-86]，可以发现，当前的研究中暴露出的主要问题是即便整体的检测准确率较高，一些稀有异常行为依然很难被发现，如 U2R 攻击、R2L 攻击。以文献[144]中介绍的基于数据增强的稀有异常检测方法为案例，稀有异常检测的问题建模如下：

给定一个训练集 $D = \{N_1, \cdots, N_n, A_1, \cdots, A_a\}$，其中，$n$ 表示正常数据的数量，a 表示异常数据的数量，假设 $n \gg a$，本书考虑 $n/a \gg 1000$。要解决的问题就是训练一个分类器，当一个新的异常样本出现时，分类模型能够准确地预测这个样本是正常还是异常。本书的任务可以简单地总结为给定一个不均衡的训练集，如何生成高质量的样本来增强原始不均衡的训练集，进而训练分类器来提升检测性能。基于流量增强的网络异常行为检测流程如图 3-25 所示。

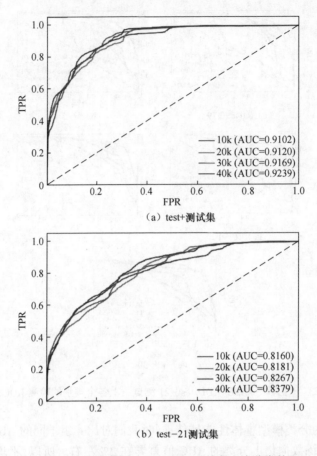

（a）test+测试集

（b）test-21测试集

图 3-24　（见彩图）不同规模的 NSL-KDD 训练集上多分类的 ROC 曲线

图 3-25　基于流量增强的网络异常行为检测流程

3.4.1　网络流量增强

基于最小二乘法生成对抗网络（LSGAN）[145]的数据增强方法包括生成器和鉴别器两个部分，它们分别以提高样本的生产能力和鉴别能力为目的而相互博弈。生成器先学习稀有样本的整体分布；然后产生大量的合成样本，用来平衡训练集。

最后提出了一种基于数据表征和数据增强的异常行为检测方案。

从数据采样的角度来看,数据增强机制的目的是增加少数样本的数量,使数据集中的不平衡率接近 1。不平衡率定义如下:

$$\gamma_i = \frac{N_{\min}^i}{N_{\max}} \tag{3-10}$$

式中:$N_{\min}^i$ 和 $N_{\max}$ 分别为第 i 个少数类样本的数量和占比最大的多数类样本的数量。

为了保持少数类别样本的原始分布,相关学者提出了一种动态的数据生成方案。如图 3-26 所示,该方案主要包含生成器和判别器两个角色,首先利用生成器来学习少数样本的分布,然后生成模拟的样本。该方案通过对比生成样本与原始样本分布之间的相似性来评估生成样本的质量,分布相似性由生成器和判别器的损失函数来决定,损失越小,代表样本服从特定的分布的可能性越大。如果鉴别器不能判断模拟样本的真伪,这些样本将作为合成的相似样本被输出。原则上,同一类的全部样本每次作为一个批次送入生成器学习,但是当同类样本数量过大时,则分批传送给生成器执行多次,直到生成的样本数不少于多数类样本的数量为止。终止条件是 $\gamma_i > a$,其中 a 是控制生成样本量的阈值。判别器 D 和生成器 G 的损失函数如下:

$$\min_D J(D) = \min_D \left\{ \frac{1}{2} E_{x \sim p_{\text{data}}(x)} \left[D(x) - a \right]^2 + \frac{1}{2} E_{z \sim p_z} \left[D(G(z)) - b \right]^2 \right\} \tag{3-11}$$

$$\min_G J(G) = \min_G \left\{ \frac{1}{2} E_{z \sim P_z} \left[D(G(z)) - c \right]^2 \right\} \tag{3-12}$$

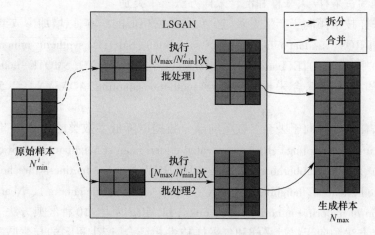

图 3-26 (见彩图)数据生成方案

式中:$a=1$ 表示真实的样本,$b=0$ 表示假样本或者噪声样本,$c=1$ 表示想要欺骗判别器 D。

数据增强机制流程如算法 3-2 所示,设置损失函数为最小方差,优化算法选择 Adam。首先控制生成器 G 的参数不变训练判别器 D_{steps} 次,然后控制 D 的参数不变训练生成器 G_{steps} 次。在多数情况下,为了构建生成能力较强的生成器 G,D_{steps} 要大于 G_{steps};最后输出 G 生成的数据。

算法 3-2　数据增强机制流程

输入:伪样本(随机的噪声数据 z),真样本(x)

参数:批处理大小(MB_{size}),训练步骤(G_{steps},D_{steps}),训练次数($trainS$);损失函数(最小方差);优化算法(Adam)

迭代 $trainS$ 次:
　　训练判别器 D_{steps} 次,执行:
　　　　每次选择 MB_{size} 个样本,最小化式(3-11)中的损失
　　训练生成器 G_{steps} 次,执行:
　　　　每次选择 MB_{size} 个样本,最小化式(3-12)中的损失

输出:生成器 G 生成的数据

数据增强的前提是数据集中存在类别不均衡现象,在数据增强的过程中,影响其增强性能的指标不仅有数据不平衡率,还有生成数据的质量,主要体现在生成数据和原始数据混合后的均衡数据能否维持原有数据的分布知识,并助力检测模型获得更好的检测结果。Imbalanced-learn 是常见的 python 包,提供了许多重采样技术,这些技术通常用于处理类间严重不平衡的数据集[146]。这些重采样技术大体上可以分为过采样、欠采样和混合采样方法三个类别。

过采样技术倾向于产生更多与少数类数据相似的样本,以增加少数类的比例,它包括随 ROS(random minority over-sampling)、SMOTE(synthetic minority over-sampling)[53]、bSMOTE(borderline SMOTE)[54]、SMOTE-NC(SMOTE-nominal continuous)和自适应综合采样(adaptive synthetic sampling, ADASYN)[56] 5 种经典方法。

欠采样技术倾向于丢弃多数类的部分数据以降低多数类的比例,它包括 RUS(random under-sampling)、RENN(repeated edited nearest neighbors)、OSS(one-sided selection)、NCR(neighborhood cleaning rule)、IHT(instance hardness threshold)、CNN(condensed nearest neighbor)、ENN(edited nearest neighbors)、NearMiss、TL(extraction of majority-minority tomek links)和 AllKNN[147] 10 种经典方法。

混合方法倾向于将过采样和欠采样技术相结合,产生更多的与少数类数据相似的样本,同时丢弃多数类的部分数据,以平衡二者的比例,它包括 SMOTETomek

(SMOTE + Tomek)和 SMOTEENN(SMOTE + ENN)两种经典方法[148]。

以 NSL-KDD 中 test+测试集和 test-21 测试集上多分类的结果为例,如表 3-8 和表 3-9 所示,利用精确率、召回率、F1、漏报率、误报率、AUC 和准确率 7 个评估指标对比不同的重采样方法,其最佳度量值在每列中都用粗体标记。通常,检测的正确率(如精确率、召回率、F1、AUC 和准确率)越高,错误率(如误报率和漏报率)越低,代表生成的数据质量越好。

表 3-8　test+测试集上的增强结果对比

类别	方法	精确率	召回率	F1	漏报率	误报率	AUC	准确率
过采样	NADS-RA	**0.795**	**0.783**	**0.772**	**0.217**	**0.126**	**0.828**	**0.783**
	ADASYN	0.589	0.63	0.588	0.37	0.213	0.709	0.63
	bSMOTE	0.646	0.648	0.568	0.352	0.248	0.7	0.648
	ROS	0.586	0.622	0.571	0.378	0.236	0.693	0.622
	SMOTE	0.744	0.683	0.662	0.317	0.161	0.761	0.683
	SMOTE-NC	0.693	0.639	0.585	0.361	0.257	0.691	0.639
欠采样	ALLKNN	0.577	0.637	0.58	0.363	0.231	0.703	0.637
	CNN	0.482	0.58	0.512	0.42	0.266	0.657	0.58
	ENN	0.626	0.598	0.527	0.402	0.3	0.649	0.598
	IHT	0.347	0.275	0.3	0.725	0.084	0.596	0.275
	NCR	0.615	0.634	0.569	0.366	0.265	0.647	0.634
	NearMiss	0.663	0.621	0.574	0.379	0.23	0.696	0.621
	OSS	0.637	0.616	0.547	0.384	0.266	0.675	0.616
	RENN	0.634	0.632	0.574	0.368	0.269	0.682	0.632
	RUS	0.712	0.689	0.651	0.311	0.18	0.754	0.689
	TL	0.676	0.664	0.609	33614	0.229	0.718	0.664
混合	SMOTEENN	0.682	0.679	0.632	0.321	0.206	0.737	0.679
	SMOTETomek	0.737	0.672	0.631	0.328	0.214	0.729	0.672

表 3-9　test-21 测试集上的增强结果对比

类别	方法	精确率	召回率	F1	漏报率	误报率	AUC	准确率
过采样	NADS-RA	**0.73**	**0.609**	**0.621**	**0.391**	0.098	**0.755**	**0.609**
	ADASYN	0.375	0.333	0.302	0.667	0.189	0.572	0.333
	bSMOTE	0.517	0.342	0.274	0.658	0.188	0.577	0.342
	ROS	0.37	0.303	0.27	0.697	0.173	0.565	0.303
	SMOTE	0.636	0.426	0.412	0.574	0.143	0.641	0.426
	SMOTE-NC	0.634	0.347	0.32	0.653	0.16	0.594	0.347

续表

类别	方法	精确率	召回率	F1	漏报率	误报率	AUC	准确率
欠采样	ALLKNN	0.352	0.334	0.289	0.666	0.174	0.58	0.334
	CNN	0.28	0.308	0.253	0.692	0.221	0.543	0.308
	ENN	0.527	0.319	0.279	0.681	0.157	0.581	0.319
欠采样	IHT	0.197	0.209	0.187	0.791	**0.062**	0.573	0.209
	NCR	0.453	0.34	0.296	0.66	0.174	0.583	0.34
	NearMiss	0.557	0.304	0.272	0.696	0.142	0.581	0.304
	OSS	0.544	0.297	0.26	0.709	0.178	0.559	0.297
	RENN	0.513	0.343	0.309	0.657	0.153	0.595	0.343
	RUS	0.605	0.43	0.401	0.57	0.138	0.646	0.43
	TL	0.553	0.375	0.341	62481	0.156	0.61	0.375
混合采样	SMOTEENN	0.567	0.405	0.383	0.595	0.161	0.622	0.405
	SmoteTomek	0.674	0.396	0.379	0.604	0.147	0.624	0.396

大多数过采样方法是通过复制原始的少数样本或根据距离产生新的样本,这忽略了数据分布,从而使生成的数据混淆了类间分割边缘。NADS-RA利用LSGAN生成数据,学习了少数样本的分布后生成服从相同或相似分布的相似样本。因此,NADS-RA增强策略要优于其他过采样方法。

大多数欠采样和混合采样方法都是通过随机丢弃部分多数类样本来解决训练集的不平衡问题。它们减小了训练集的规模,从而减少了训练时间,消耗了较少的资源,但忽略了分布特性,这可能会丢失多数类别中的一些有用的特征信息。NADS-RA保留了训练集的所有原始样本,避免了信息丢失。此外,在原始训练集中加入相似样本,可以增强稀有样本的特性。虽然欠采样方法IHT的误报率小于NADS-RA,但其漏报率最差,存在过拟合现象。对于两个测试集,本书的误报率值分别为0.126和0.098,是所有对比方法中比较好的。所以,NADS-RA生成的数据质量好,训练的分类器准确性高。

3.4.2 异常分类模型建立

为了检测网络层的异常行为,建立基于卷积神经网络的多分类模型。卷积神经网络一般由卷积层、池化层、全连接层和输出层构成。为了提取图像中的隐藏知识,通常会设计多个交替的卷积层和池化层,如图3-27所示,最后配置两个全连接层和输出层,输出预测样本的类别。与3.3节的CNN结构不同的是,本节利用CNN学习增强数据的特征知识,采用categorical_crossentropy损失函数执行多分类任务。模型参数配置:Adam优化算法,50个轮次(epoch),批次(batch)大小1024,

学习率为 10^{-3},损失函数为交叉熵,利用验证集调节分类模型的参数。在测试集上测试分类模型的异常行为检测性能。最后输出分类模型的评估指标。

NADS-RA 的流程如算法 3-3 所示。模型的输入为网络层的行为特征图像集 D',首先判断训练集中是否存在 $\gamma_i \geqslant 1000$ 的不均衡现象。若不存在不均衡,则默认不执行数据增强,直接在原始训练集上训练分类模型;若存在不均衡,则启动数据增强功能,根据算法 3-2 生成模拟数据,将生成数据与原始数据混合得到新的均衡训练集,再训练分类模型 CNN。

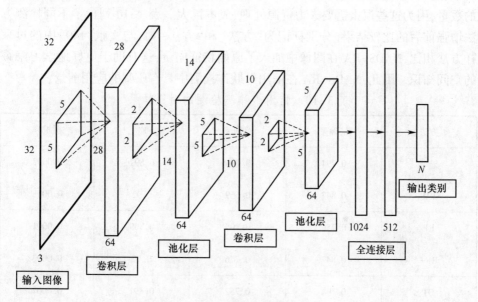

图 3-27 卷积神经网络架构

算法 3-3 异常行为检测算法 NADS-RA

输入:图像数据集 D'(训练集、验证集、测试集)
预处理:统计训练集中不同类别样本的数量,n 表示正常数据的数量,a_i 表示第 i 种异常样
   本的数量;计算不均衡比例 $\gamma_i = n/a_i$
 如果 $\gamma_i \geqslant 1000$:
   执行数据增强
 否则:
   跳转到模型训练
数据增强:执行算法 3-2 得到增强数据 A
模型训练:原始训练集和增强数据融合得到均衡训练集 $newD'$,并训练多分类模型 Res-
   Net50
输出:评估指标

数据增强方法不仅适用于不均衡的网络流量检测中,在信用卡诈骗数据集和软件缺陷(JM1 和 PC5)上也具有适用性。选取 30%的数据集作为测试样本,其余数据集作为训练样本。为了反映平均分类效果,本书随机抽取了 100 组实验样本,然后给出平均结果。

(1) 应用场景:信用卡诈骗业务检测。二分类任务通常用来模拟信用卡诈骗交易的检测。精确率、召回率、F1 和误报率用来评估 NADS-RA 的有效性。理想的欺诈检测系统应该准确地识别欺诈交易,防止财务损失,同时减少诈骗交易误报的数量,因为这些误报需要人力资源处理,成本巨大。表 3-10 列出了不同检测方法增强前后的比较结果(分别标记为"方法"和"方法+"),与文献[149]中的过采样方法相比,NADS-RA 在图像中加入了原始特征向量,这有助于更好地学习隐藏的空间知识。因此,NADS-RA 在信用卡欺诈检测中具有广阔的应用前景。

表 3-10 信用卡诈骗检测的对比结果

方法	精确率	召回率	F1	误报率
SVM	0.794	0.794	0.891	0.0002
SVM+	0.847	0.659	0.92	0.0008
RF	0.756	0.805	0.869	0.0001
RF+	0.847	0.776	0.92	0.0003
DT	0.794	0.782	0.891	0.0002
DT+	0.855	0.663	0.925	0.0008
文献[149]	0.93204	0.73282	0.82051	—
NADS-RA	0.858268	0.832061	0.844961	0.0001

(2) 应用场景:软件缺陷检测。表 3-11 和表 3-12 中给出了召回率、F1、几何均值和误报率的度量对比值。数据增强前后获得的检测结果分别标记为"方法"和"方法+"。众所周知,高召回率可以保证对缺陷的查全,低误报率可以减少人工调查。将这些度量值结合在一起分析,NADS-RA 优于其他方法。文献[52]虽然获得了较高的召回率和 F1,但其误报率过高,需要大量的人力资源。根据文献[150]的统计,当 JM1 中没有重复数据时,准确率值小于 50%。相比之下,在没有重复模块的相同数据集下,在 JM1 数据集上,NADS-RA 的准确率为 67%。总之,比较结果表明 NADS-RA 在不同场景下具有普遍的适应性和适用性。

表 3-11 软件缺陷检测数据集 JM1 上的对比结果

方法	召回率	F1	几何均值	误报率
SVM	0.007	0.013	0.072	**0**
SVM+	1	0.367	0	1
RF	0.202	0.288	0.402	0.057
RF+	0.24	0.32	0.44	0.075
DT	0.002	0.038	0.125	0.009
DT+	0.225	0.291	0.425	0.094
文献[52]	0.587	0.411	0.616	0.301
NADS-RA	**0.83**	**0.613**	**0.882**	0.254

表 3-12 软件缺陷检测数据集 PC5 上的对比结果

方法	召回率	F1	几何均值	误报率
SVM	0.097	0.172	0.271	**0.012**
SVM+	0.93	0.46	0.92	0.757
RF	0.382	0.468	0.554	0.089
RF+	0.549	0.539	0.678	0.174
DT	0.201	0.301	0.394	0.05
DT+	0.653	0.551	0.748	0.256
文献[52]	**0.95**	**0.846**	0.458	0.764
NADS-RA	0.93	0.78	**0.951**	0.163

3.4.3 显著性测试分析

为了加强对数据增强检测的验证,统计显著性检验可以用来对比各种方法在多个数据集上的性能。通过 Friedman 检验和 post-hoc-Nemenyi 检验进一步分析了 NADS-RA 与其他方法相比是否具有统计学意义。表 3-13 列出了 NSL-KDD、信用卡、JM1 和 PC5 数据集上 SVM、RF、DT 和 NADS-RA 方法在多分类任务中的 AUC 值。在 Friedman 假设检验之后,由于 $p=0.0194$,在 $\alpha=0.05$ 处拒绝了零假设(所有方法的性能都是等效的)说明 NADS-RA 与其他方法有很大的不同,但是还需要"后续检验"来进一步区分各个算法的不同。

常用的后续检验方法有 Nemenyi 检验。当 $p=0.05$ 时,临界差(critical difference, CD) 为 2.3452。对于 AUC 度量, SVM、RF、DT 和 NADS-RA 的 Friedman 平均排序分别为 3.75、2.25、3 和 1。通常,排序值越低,该方法的性能越好。在表 3-13 中,最佳值用粗体表示。NADS-RA 是最好的基准方法,因此被选为控制算法用来与其他方法比较。计算 SVM 与 NADS-RA、RF 与 NADS-RA、DT 与 NADS-RA 之间的排序差,第一个差值大于临界差值(CD),后两个差值小于 CD 值,因此在置信度为 0.95 时,可以接受 SVM 与 NADS-RA 存在统计差异,尽管 NADS-RA 在大多数数据集上性能较好,RF 和 DT 在 AUC 方面没有显著差异,说明深度学习分类器或集成分类器在大数据网络异常行为检测中相对来说表现较好。

表 3-13　不同分类器的 AUC 值显著性分析

分类	NSL-KDD	信用卡	JM1	PC5	平均	F 排序	p 值
SVM	0.759	0.829	0.5	0.587	0.669	3.75	0.0194
RF	0.801	0.888	0.583	0.688	0.74	2.25	
DT	0.747	0.831	0.566	0.699	0.71	3	
NADS-RA	**0.834**	**0.916**	**0.788**	**0.884**	**0.855**	**1**	

3.4.4　分析讨论

基于数据增强的异常行为检测方法目前处于理论分析与实验验证阶段,由于无法在真实系统中发动攻击来验证方法有效性,并且在独立的虚拟网络环境中模拟的攻击特征无法真实地反映出实际系统中发生的攻击特性,所以当前的多数研究都是基于权威机构在真实系统中收集并标记的网络数据上测试验证。数据增强方法的学术价值是其能够学习小规模数据的分布知识,并生成近似分布的模拟数据,解决现有网络异常检测中数据增强方法存在的不足;未来其应用价值主要体现在网络安全运维中,当某种罕见的攻击力强的攻击行为数据较少时,可以用本方法学习攻击特点,模拟相似数据,用来开展下一步的攻击分析和检测,甚至可以设计相关的攻击预测方法和防御策略,及时发现和避免攻击给网络和系统带来的威胁,维护网络安全。

第4章
基于网络日志的异常序列检测

系统日志记录设备运行期间所有用户操作和系统进程,日志挖掘在网络安全领域发挥重要的作用,可用于检测网络异常、故障诊断、用户行为分析和攻击溯源。然而,随着信息技术的快速发展,网络和系统生成的日志数据呈现出近乎爆炸式的增长,这使得安全维护人员不堪重负,从日志中完成攻击取证耗时大。因此,基于网络日志的自动化分析成为当前网络安全研究的重要方向。

4.1 日志解析

系统日志完整记录所有系统事件,可用于揭示网络安全问题和分析用户行为。由于日志以非结构化数据的形式存储,并且没有通用的日志留存标准,难以直接应用数据挖掘算法对其进行分析。因此,通过设计日志解析算法来获取通用日志模板变得越来越必要。

日志解析面临的主要挑战来自日志数据复杂性高、更新速度快和数量大。由于日志大多以非结构化或半结构化形式存储,解析的第一步是将原始日志转换为结构化数据和变量处理。原始日志通常由时间、id、事件级别和事件内容组成。解析的第二步是从事件内容中提取日志模板。这引起了许多学者的关注,现有的解析算法一般可以分为三类:基于日志源代码的分析[25]、基于日志内容的分析[17-18]和基于时序关系的分析[27]。尽管这些研究都取得了一些突出的成果,但是日志源代码往往很难获得,且在处理大规模日志数据时,处理效率仍然需要提高,尤其是在线完成日志解析。

本书介绍一种快速日志解析算法 FastLogSim[151]:该算法首先在预处理阶段去除重复模板;然后利用文本相似度合并语义相似的日志模板,大大减少了日志解析的工作量。在提取日志模板之前,FastLogSim 对每个日志执行关键字识别。在过去的解析工作中,研究人员很少区分不同类型的变量。例如,IP、域名和数值被视为匿名化的相同类型。当匹配模板和变量值时,会增加映射的难度,容易出现信息缺失。使用正则表达式来匹配固定格式的变量或带有关键字的变量,并用不同的标识符来处理不同的变量。本书介绍的算法可以根据提取的日志模板和变量快速准确地恢复原始日志信息,方便日志审查。

4.1.1 解析的主要流程

本节详细介绍了 FastLogSim 算法流程,FastLogSim 的解析构架图如图 4-1 所示。在数据预处理阶段,对日志事件中的变量进行细粒度处理,对数据进行去重,得到日志模板的第一个版本,并建立日志内容-日志索引键值对,作为训练 TF-IDF 模型的语料库,计算模板之间的文本相似度。然后,通过与用户定义的相似性阈值进行比较来合并相似日志模板。由于在提取之前进行了重复数据删除,要提取的对象数量将从数千万个减少到数十个,根据键值对可以快速将原始日志与最终日志模板相对应。因此,FastLogSim 可以高效解析大规模日志,并且仅需手动标注键值对就可完成整体日志数据的标注,避免手动标注大量日志,高效完成日志解析结果审查。

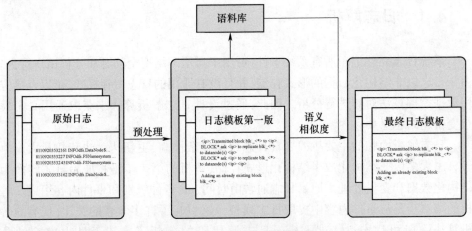

图 4-1 FastLogSim 的解析框架

4.1.2 日志预处理

在日志预处理阶段,首先从原始日志中提取日志事件再区别其中包含的变量,利用正则表达式完成日志变量的匹配和替换。尽管日志的长度不同(3~30 个单词),但同一个模板日志中变量位置是固定的。

在之前的研究中,在预处理阶段进行粗粒度变量替换,用统一标识符(<*>)

替换包含数字的单词。本书认为对原始日志进行细粒度的预处理可以减少后续解析的工作量,其时间复杂度仍为 $O(n)$ (n 为日志数)。虽然日志事件没有标准的格式,但部分变量在结构上极为相似,如网站、IP 地址、文件路径、软件、网络协议等。这些变量可以通过正则表达式匹配。

在 FastLogSim 中,采用优先处理固定格式的变量,然后处理包含数字的变量。如表 4-1 展示部分匹配变量的正则表达式,FastLogSim 用指定的常量替换了一些固定格式的变量,以免由相同标识符表示的不同变量在模板提取中产生错误。值得注意的是,针对文件路径和网站包含的相同标点符号 ' / ' 和 ' - ';首先使用网站特定的顶级域名来确定该字符串是否是一个网站;其次确定它是否是一个文件路径;最后针对仅含有数字且无其他语义的变量采用统一标识符进行替换。

表 4-1 变量处理

变量	正则表达式	替换标识符
IP 地址	$((25[0-5] \mid 2[0-4]\d \mid ((1\d2) \mid ([1-9]? \d)))\.){3}$ $(25[0-5] \mid 2[0-4]\d \mid ((1\d2) \mid ([1-9]? \d)))$	\<ip\>
网站域名	$([a-zA-Z0-9\.\-]*)(com \mid net \mid hk \mid cn \mid wpad)(\:[0-9]*)?$	\<url\>
文件路径	$(\/)(\s*)(\/)(\s*)$	\<path\>
软件	$([a-zA-Z0-9\.\-]*)(exe)$	\<app\>

下面将处理好的日志以及索引以构成键值对的形式保存,生成 logs = {$\log_1:1$, $\log_2:2, \log_3:3, \cdots, \log_n:n$} 的哈希表。从已完成变量处理的日志中可以看出,存在大量重复数据。通过清除重复日志,可以将剩余日志数量减少至原始日志数量的 1/10000。以 HDFS 数据集为例,执行上述操作后仅剩 54 条日志。此时,待提取日志模板的对象规模由原来的 1000 万缩小到 54,极大降低了提取模板的计算复杂度。这几十条日志可以称为第一版日志模板。

4.1.3 日志合并

在这一阶段,FastLogSim 提出应用基于 TF-IDF 的文本相似度模型来筛选结构相似的日志模板,生成待合并的相似日志模板索引集,将完成数据预处理后的系统日志作为语料库。基于 TF-IDF 将系统日志转换为稀疏向量,训练文本相似度模型,该模型结构简单,整个训练过程在 5s 内可以完成,满足在线解析日志速度需求。TF-IDF 是一种单词统计方法,用来评估某一单词对语料库的重要程度。TF-IDF 的计算公式为:

$$\text{TF-IDF} = \text{TF} \times \text{IDF} = \frac{\#word}{\#total} \times \log\left(\frac{\#L}{1+\#L_{word}}\right) \qquad (4-1)$$

式中:TF 为词频,用来计算目标单词在语料库中的出现频率;IDF 为逆向文本频率,是目标单词普遍重要性的度量;#word 为当前日志数据中目标单词的数量;#total 为所有日志数据中目标单词的数量;#L 为语料库中日志数量;#L_{word} 为含有目标单词的日志数量。

完成 TF-IDF 模型的训练后,计算当前日志事件与语料库中去重后日志的文本相似度。得到的文本相似度是 0~1 的小数,当两条日志内容完全相同时文本相似度等于 1。通过设定合适的文本相似度阈值,筛选出符合合并标准的日志索引集合,从建立的键值对获取日志索引集合,该集合是一个多元素集合,可以视为多元组。本书采用排列组合方式,遍历集合中所有二元组,即每次仅从两条日志中提取日志模板,表 4-2 前两列展示了该遍历的具体过程。

表 4-2 待合并日志

待合并索引	遍历结果	日 志 内 容
[2,3]	[2,3]	\<ip\> Starting thread to transfer block blk_\< * \> to \<ip\> \<ip\> Starting thread to transfer block blk_\< * \> to \<ip\>, \<ip\>
[20,28,45]	[20,28], [20,45], [28,45]	Exception in receiveBlock for block blk_\< * \> java. io. IOException: Broken pipe PacketResponder blk_\< * \> \< * \> Exception java. io. IOException: Broken pipe writeBlock blk_\< * \> received Exception java. io. IOException: Broken pipe
[19,27,43]	[19,27], [19,43], [27,43]	Exception in receiveBlock for block blk_\< * \> java. io. EOFException PacketResponder blk_\< * \> \< * \> Exception java. io. EOFException writeBlock blk_\< * \> received Exception java. io. EOFException

表 4-2 的第一列显示了部分将文本相似度阈值设置为 0.75 时,被判断为相似日志待后续合并的索引集合;第二列是集合遍历的索引二元组;第三列则展示了索引对应的日志内容,可以直观看到日志内容极为相似,可以从中提取有效的日志模板。

根据 4.1.2 节中的待合并日志索引集合,本节设计基于最长公共子序列(LCS)的日志模板提取算法,完成基于数据驱动的日志模板提取。LCS 是基于动态规划思想从两个序列中提取子序列,该子序列是符合条件且长度最大的序列。LCS 是广泛研究与应用的一种算法,用于查找两个文件之间不同之处,如 diff 算法以及版本控制系统 Git。考虑到 LCS 在这些应用中的有效性,可以设计一种基于LCS 的方法,有效地从两条相似日志中提取模板。预处理后的日志内容可以视为一个序列,每个单词都应视为序列中的一个元素,找到的日志中公共最长子序列可作为日志模板来表示一类日志数据。图 4-2 中以表 4-2 第一行给出日志索引所对应日志为例,给出基于 LCS 算法的日志模板提取结果。

针对表 4-2 第二列所示二元组,提出的算法将待合并日志分为三类,并在图

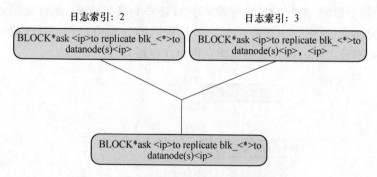

图 4-2 基于 LCS 算法的日志模板提取结果

4-3 中展示了每类所对应的两条日志。第一类是长度相同的两条待合并日志。使用 split( ) 方法将每条日志转换为一个数组，每个单词作为一个元素。以长度为 l 的 $\log_1$、$\log_2$ 为例，生成 $\text{array}_1 = [a_1, a_2, a_3, \cdots, a_l]$、$\text{array}_2 = [b_1, b_2, b_3, \cdots, b_l]$ 的两个数组。其中大部分元素是相同的，从图 4-3 中可以看出两个日志的不同之处仅是第一个单词 received、receiving 不同。针对这一类日志，首先找出不同之处的数组索引再将该位置单词用统一标识符 <*> 代替，其他位置保持不变。

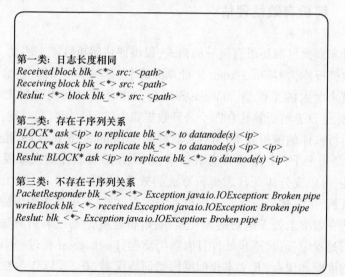

图 4-3 待合并日志示例

第二、第三类是长度不同的两条日志，处理流程如图 4-4 所示。首先需要判断两条日志是否存在子序列关系，如图 4-3 第二类中所示，第二条日志是基于第一条日志内容的扩充，此时认为 LCS 提取的公共子序列是最终日志模板。第三类情况常出现在长度较长的两条日志中，而 LCS 算法是将每个字母作为元素而不是日志中的每个单词,因此 LCS 的结果不宜直接作为日志模板,此时利用 split( )方法得到的数组取交集作为最终结果。最后构建预处理后日志—日志模板的键值对,在线系统日志经过预处理可快速获得对应模板。

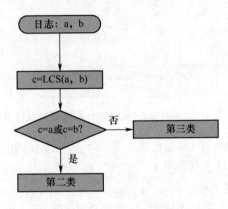

图 4-4　日志合并流程

4.1.4　解析有效性评估

由于日志模板目前还没有统一的格式,很难评估解析性能。因此,研究人员需要手动提取模板作为 Ground-truth 来计算准确率、召回率等指标,这给评估解析算法的性能带来巨大的工作量。FastLogSim 旨在在有效时间内解析大规模日志数据,与四个先进日志解析算法在四个公开数据集上进行解析时间对比,在同一个实验环境下运行来评估解析效率,所有实验都是在 Ubuntu 16.04 LTS 机上进行的。

HDFS 是一个千万数量级日志数据集,在该数据集上评估大规模日志数据解析的可行性,可以充分体现日志解析算法的效率。在图 4-5 中,纵坐标是以分钟为单位的解析时间,横坐标是日志解析算法名称,可以发现在大规模数据集上本节提出的算法在效率上处于绝对的领先地位,解析速度是其他解析算法的 5~8 倍。在实际解析过程中,通过逐步统计日志解析流程,FastLogSim 超过一半的时间都在进行数据的读取和保存,其文本相似度模型训练仅需 30s,可以作为在线大规模日志解析的解决方案。

如图 4-6 所示,纵坐标是以 s 为单位的解析时间,横坐标是日志解析算法名称,在另外三个规模较小的数据集上进行解析时间对比,本书提出的算法在解析效率上仍优于其他算法。这三个日志数据集数量在十万条左右,因此遍历耗时低,现有日志解析算法均能在有效时间内完成解析。

本书通过计算日志模板准确率来评估提出算法的有效性。在表 4-3 中给出

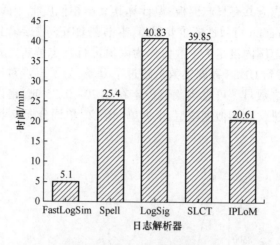

图 4-5 HDFS 数据集解析时间

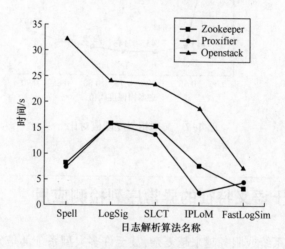

图 4-6 不同日志算法解析时间对比

部分日志解析算法在 HDFS 数据集上的准确率,FastlogSim、Spell、Drain 准确率均在 0.98 以上,可以实现高精度的日志解析。

表 4-3 解析准确率

解析算法	FastlogSim	Spell	Drain	IPLoM	SHISO
准确率	0.9994	0.98	0.9948	0.7758	0.93

通过仔细观察日志解析结果,分析本书算法错误解析的原因,这里以两条典型日志为例。Exception in receiveBlock for block blk < * > java.io. EOFException;PacketResponder blk < * > < * > Exception java. io. EOFException。根据设定 Ground

-truth,这两条日志应共有日志模板,但计算其文本相似度低于阈值。因此设置合理的阈值是 FastlogSim 有效性的重要保障,本书在 HDFS 数据集上进行实验,图 4-7 从 0.60~0.90 范围内设定 7 个数值作为阈值进行日志解析。其中,横坐标为设定阈值大小,考虑到 HDFS 数据集数量超过千万条,为了直观对比结果,纵坐标统计错误解析的日志数量。可见当阈值设定在 0.70~0.75 时,错误解析数量最小。后续工作需要改进文本相似度模型,根据单词语义、单词分配权重得出更为精准的文本相似度。

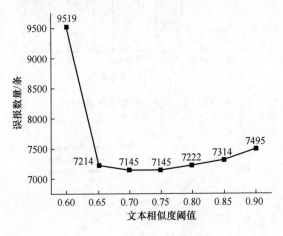

图 4-7 文本相似度阈值对比

4.2 基于语义特征的异常序列检测应用

当今的网络系统或服务越来越复杂,甚至许多大型系统都是分布式的,保证服务连续不中断已逐渐成为必需。任何异常行为都有可能增加风险,如频繁的身份验证失败。因此,异常行为检测以发现异常行为为目的,在网络安全维护中发挥着重要作用。日志是用于异常行为检测最有价值的数据源之一。日志消息或日志条目指日志文件中的一行,该行由 print 语句生成。它记录运行时状态,包括由用户、应用程序或系统本身生成的有关系统内活动的信息,为安全操作中心提供帮助来跟踪攻击或诊断故障。

日志是一种典型的非结构化数据,可以看作一种上下文感知的自然语言,如何将日志中的信息表征出来,输入机器学习模型中,是自动化分析、智能检测的首要任务。基于日志语义感知的异常行为检测相关研究大多对日志消息的所有实体执行向量化以保持完整的语义,然后应用加权聚合来获得日志向量。但是,得到的向量可能会丢失有用的语义信息,并且不是日志消息的唯一表示。

基于日志语义的异常行为检测目前主要面临三个挑战。

(1) 日志的结构化处理:分析详尽的日志事件是一个庞大的项目,因为非结构化的存储方式和不断变化的内容使日志分析变得困难。日志文件中的内容主要由预先确定的日志语句生成。据报道,谷歌公司每月包含多达数千条新的日志输出语句[152]。

(2) 无损语义的表示:日志消息是一种包含多个实体(单词)的自然语言,这些序列化的实体反映了系统的运行状态,因此其隐藏的真正含义和实体间的语义顺序意义重大。如何无损地表示日志消息中隐含的语义目前正在探索中[153]。

(3) 低的计算复杂度:不同的日志消息可能会导致用于表示日志的向量大小不同。一般来说,处理高维向量会比处理低维向量的计算复杂度更高,如何用精简的向量无损地表示日志中的语义信息也是一个挑战。

(4) 现有方法的局限性:常用的基于加权技术(TF-IDF)不能保证日志消息唯一且无损语义的表示[38,43],如表4-4所列。

表4-4 向量化示例

序号	实体	权重 ω_i	向量 v_i
1	storage	0.2	[0.1,0.2,0.1]
2	interrupt	0.3	[0.2,0.4,0.4]
3	caused	0.1	[0.2,0.4,0.8]
4	input	0.1	[0.2,0.2,0.9]
5	errors	0.2	[0.4,0.9,0.2]
6	by	0.1	[0.3,0.7,0.9]

$$M_v = \frac{1}{N} \times \sum_{n=1}^{N} \omega_i \times v_i \tag{4-2}$$

$$M_v = \text{concat}(v_i) = [v_{11}, \cdots, v_{1k}, \cdots, v_{Nk}] \tag{4-3}$$

式(4-2)是典型的常见的用于语义向量化的加权平均表示法,式(4-3)是本书提出的直接拼接表示法。

实例1:对于两条消息"storage interrupt"和"caused input errors",由式(4-2)所获得的两个对应的向量是相同的。但是,实际上,这两条消息是不同的。因此,利用式(4-2)的方法获得的向量无法唯一地表示不同日志消息。

实例2:对于"storage interrupt caused by input errors"和"input errors caused by storage interrupt"两条消息,由式(4-2)所获得的两个对应的向量是相同的。但实

际上,这两条消息的实体顺序和语义都是不同的。因此,式(4-2)对应的方法无法表示日志消息中不同的实体顺序。

实例3:对于日志消息"storage interrupt caused by input errors",通过两种方法获得的向量长度是不同的。由式(4-2)获得的向量规模与一个实体向量的长度相同,均为1×k,而由式(4-3)获得的向量规模是一个实体向量的长度和实体数量的乘积k×N,即1×3和1×18(18=3×6)。一般来说,为了更加准确地表示实体,实体向量的维度都会比较大,如100或200,此时两种方法获得的向量维度分别为1×100和1×600。因此,利用式(4-2)和式(4-3)对应的方法获得的向量维度不同,导致计算的工作量也不同。

为了解决常用方法中存在的上述三个问题,本书提出了一种基于日志语义建模的序列异常检测方案LogNADS[154]。

4.2.1 日志语义建模

LogNADS的整体框架如图4-8所示。首先,对原始消息进行日志解析,将原始非结构化的日志消息解析为结构化的事件模板和参数值。本节提出了一种新的日志语义表示方法,不依赖现有方法中常用的日志计数向量,而是通过丢弃无用的实体后提取主要的实体来表示每条日志消息的原始语义;然后将这些实体和参数值转换为向量,并根据它们的语义顺序进行拼接得到日志消息的语义表示向量。因此,无论原始的日志消息的格式或者语句结构是什么类型的,这种方法都可以将其表示为向量,并且保留了几乎全部的语义信息,故该方法可以处理从分布式系统收集的多源异构日志。在完成语义提取和向量表示之后,采用滑动窗口方法获得序列化的日志消息向量数据。最后,LogNADS利用长短时记忆模型(long short term memory,LSTM)检测异常行为序列。

1. 日志解析

原始的日志消息是一种典型的非结构化数据,包含一些特定的信息,如IP地址、事件响应ID、数据包大小。日志解析旨在将非结构化数据转换为结构化实体,这是自动化的日志分析工作的第一步。LogNADS基于FastLogSim从原始事件E_i中提取变量值(特定信息),其余信息称为事件模板P_i。

非结构化数据和结构化数据之间的转换如表4-5所列。日志解析后的结构化数据包括两部分:事件模板和变量值。变量一般是数值类型的,例如文件大小;或离散类型的,如主机名称等。但事件模板仍然是非结构的文本。因此,本书设计了一个语义提取方法来向量化事件模板。

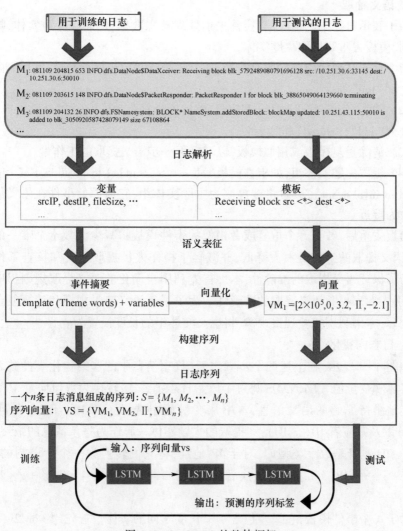

图 4-8 LogNADS 的整体框架

表 4-5 HDFS 数据集的内容实例

序号	原始的日志事件	事件模板
1	Received block blk_3587508140051953248 of size 67108864 from/ 10.251.42.84	Received block blk< * > of size < * > from <ip>
2	Got exception while serving blk_-2918118818249673980 to/ 10.251.90.64;	Got exception while serving

2. 语义抽取

为了表示日志中的语义信息,首先预处理日志数据,然后除噪声实体、拆分复合动词、模板去重和提取主题实体。

(1) 首先从模板中删除所有符号,如分隔符、运算符、标点符号;然后删除无用项,如"a""the"等。

(2) 首先将大写字母改为小写字母;然后拆分复合动词项(如"addstoredblock",将拆分为"add","stored"和"block")。

(3) 消除重复模板或相似模板,以减轻下一步语义提取的工作量。

(4) 提取主题实体组,如事件模板"blk< * > is added to invalidSet of <ip>"的"added to invalid Set",最后将被提取为主题实体组,它与原始事件在语义信息内容上极为接近。

模板去重后,数百万个重复或者相似的事件模板将减少为数十个唯一的事件模板,语义提取的工作量大大降低,并减轻了操作人员提取语义和核查工作的负担。为了保证语义提取的准确性,本书首先利用自动化的语义提取规则提取主题词后,引入专家校验语义提取的准确性。为了平衡语义向量规模和计算复杂度之间的利弊,本书利用实验观察规律,将语义实体组的长度设置为4。

3. 日志向量化

如图4-9所示,在上述两个步骤之后,日志消息中的非结构化事件被表示为几个实体和变量值。LogNADS 将每个原始日志消息 M 转换为数值向量 V。为了尽可能地维持原始的语义信息,本书从变量值中选择了源 IP(srcIP)和目的 IP(dstIP)以及响应者 ID(resID),和提取的主题实体一起作为每条消息的最终特征。这里,resID 本身是数字类型的,对于 IP 地址,将它们转换为一个十进制的数字。例如,对于一个 IP(a.b.c.d),转换后的数字由 $x = a \times 256^3 + b \times 256^2 + c \times 256 + d$ 计算。

对于每个事件模板,它最多包含 4 个长度不同的实体。首先用 word2vec 获取每个实体的向量,然后根据实体在模板中出现的顺序拼接实体向量。从语义信息完整性度量的角度看,向量化过程必须满足以下三个要求。

(1) 相似语义的实体向量之间必须具有较高的相似距离,可用余弦、欧几里得等度量。例如,"receiving"和"receive"在语义上是相似的。

(2) 不同语义的实体必须具有较低的相似度。例如,"Receiving"和"Anomaly"在语义上是不同的。

(3) 消息和向量之间有一对一的匹配。例如,序列{word1,word2,word3}可以用 concat(vec1,vec2,vec3)唯一地表示,但是 $1/3\omega_i \sum_{i=1}^{3} vec_i$ 无法做到。

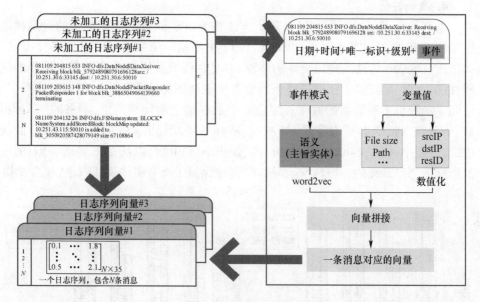

图 4-9 日志向量化的流程

在对相同的日志语义进行表征时,不同的向量化方法得到的向量也各不相同,训练的分类模型性能也会有差异。因此,本节在不同的语义表示方法和获取的向量化数据上部署了相同的检测模型 LSTM。通过对比各种向量化数据上的检测结果来评估语义表示的有效性。在 LSTM 上部署了三种语义表示方法,并从检测准确率和时间性能两个方面对比分析。

加权聚合法是一种常用的方法,它利用了所有的实体向量,但未能保持实体的有序性,容易产生语义的损失[155-156]。转换后的模板向量的维度等于每个实体向量的维度,并且是固定的、最小的。这种加权聚合的方法在参考文献[38,43,157]中得以使用。

单词保序法根据实体的出现顺序拼接所有实体的向量,简称"全部拼接",可看作没有语义损失的表示方法。一般来说,转换后的模板向量的维度等于实体向量的长度乘以最长模板中的实体数量。"全部拼接"得到的模板向量维度不固定,并且可能是这 3 种向量化方法中向量维度最大的。这种拼接全部实体向量的方法在参考文献[153,155-156]中得以使用。

本书提出的"部分提取"表征方法相对于上述两种方法可以看作一种平衡的解决方案,它既保留了主要的实体及实体间的顺序,又保证了语义的近似无损性。转换后的模板向量的维度由模板长度控制,即一个模板中提取的主要实体的个数。转换后的模板向量的维度等于实体向量的长度乘以每个模板中的主要实体数量。

4. 准确性分析

本书给出了三种不同的语义表示方法在 HDFS 和 BGL 数据集上的检测精度结果和 ROC 曲线。对比图 4-10 和图 4-11 中展示的结果可以发现,"部分提取"方法比其他表示方法表现出更好的性能,并且在两个数据集上都表现出明显的优越性能。"部分提取"方法通过避免其他方法中暴露的语义损失和实体顺序损失,达到了一种折中和均衡的效果。综合两个数据集上的检测结果,本书的"部分提取"方法在误报率上平均降低 5% 左右,准确率平均提升 4% 左右。在 ROC 曲线中,当召回率(true positive rate, TPR)高、误报率(FPR)低以及 AUC 高时,所有的评价指标值都是最佳的。虽然"全部拼接"方法保留了所有实体及其顺序,包含无损

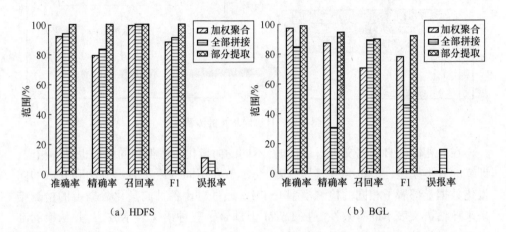

图 4-10 不同的语义表示方法结果对比

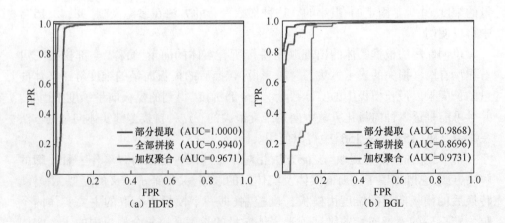

图 4-11 (见彩图)语义表示方法的 ROC 曲线

的语义信息,但将所有实体向量串联起来会产生高维数据,可能会混淆检测模型学习主题特征。对于"加权聚合"方法,它比"全部拼接"方法性能更好,因为它按权重聚合了所有实体向量,避免了"全部拼接"方法的高维数据,提升了检测模型的学习效率和优化效果,但由于其暴露出的词序损失问题,它比"部分提取"方法稍弱。

4.2.2 序列数据构建

为了达到攻击的目的,恶意用户可能会采取一系列的操作,而且有时为了确保恶意目标对系统安全中心的隐蔽性,用户可能会采取一系列正常的操作来伪装他的真实目的。举一个常见的案例,攻击者向受害者发送一封处理过的电子邮件,电子邮件会附加一个嵌入恶意宏的 Excel 文件。受害者阅读电子邮件,它可能会先下载 Excel 文件,然后打开。此时,宏会立即执行一个恶意程序,最后该恶意程序会删除账户黑名单。这些连续动作会按时间顺序记录在日志文件中。如果单独判断一个动作,只有"删除账户黑名单"动作可能为异常行为,而其他动作基本正常。因此,在本节中,如果一个序列至少包含一个异常动作,则该序列将被视为异常动作。

一串序列化的消息 S 可以根据消息的产生时间排序,例如 $S = \{[t_1, M_1], \cdots, [t_i, M_i], \cdots, [t_N, M_N]\}$,其中,$t_i$ 是时间,通常可以表示成"YY/MM/DD HH:MM:SS",M_i 是第 i 条消息,可以转化成一个向量 $V_i \in R^k$(k 是一条日志消息向量 V_i 的维度),N 是序列的长度。借助上述的向量化方法,消息序列的向量可以表示为 $S = \{V_1, \cdots, V_i, \cdots, V_N\}$。

为了获得序列数据,用滑动窗口方法动态地表示不同长度的日志事件序列。如图 4-12 所示,窗口大小是序列的长度,步长是两个相邻序列的时间差。由于异常序列通常具有不同的长度,甚至往往伴随着一些正常的动作,如何确定滑动窗口技术中的最佳窗口大小和步长,会影响序列异常的检测效果。例如,如果一个完整的攻击包含 10 个动作,但检测的序列长度为 5,则很难捕获完整的攻击痕迹。另外,如果一个完整的攻击包含 5 个动作,但检测的序列长度为 20,则可能在一个序

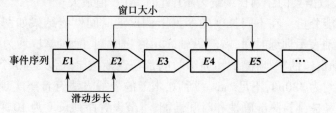

图 4-12 基于滑动窗口的日志序列提取

列中包含多个攻击,从而混淆检测方案。因此,如何确定最佳窗口大小和步长就显得尤为重要。

本节设计了一个根据信息增益和过去一段时间内的数据分布情况计算窗口大小的方法。窗口大小计算如式(4-4)所示,其中 N_{maj} 和 N_{min} 分别表示数量较多的类别和数量较少的类别的样本数量。一般来说,为了保证序列的完整性,步长要小于窗口大小。因此,为了平衡序列长度和序列完整性,本节设置两个连续窗口之间的移动步长为25%的窗口大小:

$$窗口大小 = \left\lceil \frac{\left[\frac{N_{maj} \times \log N_{maj} + N_{min} \times \log N_{min}}{2 \times (N_{maj} + N_{min})} + \frac{N_{maj}}{N_{min}}\right]}{2} \right\rceil \quad (4-4)$$

$$步长 = \lceil 窗口大小 \times 25\% \rceil \quad (4-5)$$

AUC通常用于评价检测模型的泛化能力,ROC曲线和AUC最大化在现有的研究中被用来寻找有效的分类器。所以,它们常用来分析参数对异常行为检测结果的影响。本节测试了序列长度和事件长度的参数影响。

(1)序列长度分析。通过改变序列长度来构造4个数据集,其中序列长度表示一个序列中的事件数量。因为HDFS数据集是基于会话的,并且标签是基于会话的,不同参数配置下的检测效果差距较小。所以,在BGL数据集上测试不同长度的序列数据。

ROC分析。通常,序列长度随环境变化而配置。为了验证式(4-4)计算的序列长度的最优性,也为了测试LogNADS在不同长度的序列上的适应性,本书测试不同长度的序列对检测准确性的影响。在BGL数据集上,式(4-4)计算出来的最优序列长度是10,并测试了序列长度为{10,20,30,40}四种情况的测试结果,在图4-13中绘制了LogNADS在不同场景下检测的ROC曲线。可以发现,序列长度超过20时,序列长度越大,AUC越大,分类结果也越好。因为某些序列可能与用于训练分类模型的正常序列的某些子序列完全对应。然而,如果某些异常序列的步骤较少,则短序列可能更合适。例如,在BGL中,短序列更适于探测序列异常。本书将BGL数据集的序列长度设为10,此时,AUC值最大。

时间性能分析。在不同长度的序列上测试的时间性能结果如图4-14所示,其中左侧纵轴表示训练时间,右侧纵轴表示测试时间,时间单位均为 μs。结果表明,随着滑动窗口的减小,测试和训练时间都在逐渐减少。包含40个步骤的序列测试时间大约为430μs,不足1ms。所以,本节的表征方法有希望实现实时的异常行为检测。考虑到检测准确性和时间性能,本节设置序列长度为10来平衡检测时间和检测准确率之间的利弊。本节设计的最优序列长度计算方法在BGL数据集

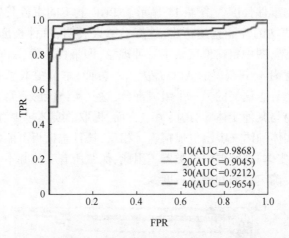

图 4-13 （见彩图）BGL 数据集上不同序列长度的检测 ROC 曲线

上验证有效，它也可以应用在其他的大数据集上用来自动构建序列数据以提升检测效果。

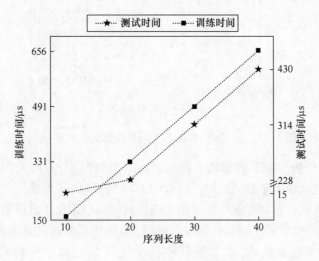

图 4-14 序列长度对时间性能的影响

(2) 事件长度分析

通过改变事件长度来构造 8 个数据集，其中事件长度表示每个日志模板中的实体数量。

ROC 分析。事件长度是一个日志模板中有用实体的个数。不同的日志数据源通常有不同的日志模板，所以，事件长度也不同。为了测试事件长度对异常行为检测性能的影响并确定最佳长度值，本节在 BGL 数据集上，通过将事件长度从 3

调整到10来控制事件长度。图4-15显示了BGL上不同事件长度的ROC曲线。AUC越大,检测算法的性能就越稳定、越好。结果表明,事件长度与AUC之间没有直接关系。但是,图中粗略地反映了一种现象,即事件越短,AUC越高。在本书中,事件长度设置为4,其获得的AUC最大。一方面,本节提取了4个实体:主语、谓语、宾语和一个日志语句的另一个组成部分,这些实体能够表示日志模板的摘要信息,并且很容易与其他实体区分开;另一方面,提取的实体越少,需要的人力资源就越少,使4个实体的语义表示更加精确。相反,长日志模板可能包含一些与其他日志模板相同的实体,这会混淆分类器。因此,保留所有实体并不一定能确保更好的检测结果,需要确定适当的模板长度。

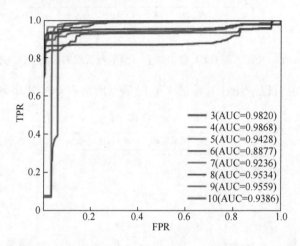

图4-15 (见彩图)BGL上不同事件长度的ROC曲线

时间性能分析。BGL数据集上检测时间结果如图4-16所示,左侧纵轴上是训练时间,右侧纵轴上是测试时间。所有的时间结果以 μs 为单位。可以发现,随着事件长度的增加,时间普遍增加。由于训练时间不仅取决于训练数据量,而且取决于优化器和其他配置,因此训练时间的增长趋势并不像测试时间那样平稳。考虑到检测精度和时间性能,本书将事件长度设置为4,以平衡检测时间和检测精度。

4.2.3 时序分类模型建立

在众多的深度学习模型中,RNN因为在网络结构中引入了时序概念而广受欢迎,并在实时的时序数据分析中具有更强的适应性。在RNN的各种变形模型中,长短期记忆(long short-term memory,LSTM)模型弥补了梯度消失、梯度爆炸和长期记忆能力不足的缺点,使RNN能够充分利用长距离时间序列的信息。

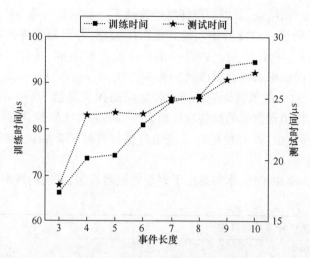

图 4-16 事件长度对时间性能的影响

检测模型概况如图 4-17 所示。LSTM 的基本单位是细胞(cell),其中,有一个状态 C_i 通过所有细胞。在每个单元中,有三个门(gate)用来接受状态(state),它们分别是遗忘门、输入门和输出门。遗忘门是第一层,作用是丢弃无用信息;输入门是第二层,用于保留信息;输出门是第三层,将信息传送到下一个细胞。这三个门的输入都是当前的输入状态 x_i 和从上一个细胞 h_{i-1} 传递过来的状态。三个门之间的区别在于它们每层的激活函数的权重和偏差。最后,将三个门的输出与当

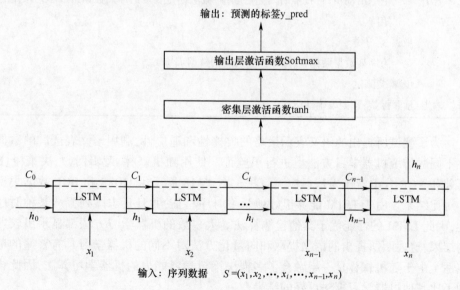

图 4-17 LSTM 的结构

前细胞的状态 C_i 相结合,可以获得即将传输到下一个细胞的最终状态 h_i。

如图 4-17 所示,LSTM 的输入是一批时序数据,并且每个序列都可以标记成 $S=\{x_1,x_2,\cdots,x_i,\cdots,x_{n-1},x_n\}$,$x_i$ 是一条日志消息的向量。LSTM 完成学习过程以后,所有细胞的输出状态会拼接到一起得到 $H_i=\{h_1,\cdots,h_i,\cdots,h_n\}$。密集层激活函数是 tanh,最后的预测标签是通过输出层的损失函数 Softmax 计算得到。在训练的过程中,使用预测到的标签和数据集中提供的真实标签,根据均方误差来计算分类模型的损失值,并且使用自适应矩阵估计算法,即 Adam 算法来训练更新 LSTM 中的参数。

基于以上步骤和操作,本书提出了完整的检测算法,算法的基本流程和原理如算法 4-1 所示。

算法 4-1　序列异常检测算法

输入:非结构化日志

处理:步骤 1,日志解析

　　　非结构化日志转成结构化数据(日志模板+变量).

　　步骤 2,语义抽取

　　　合并重复日志模板,去除无用实体,保留有用实体作为最终的语义模板.

　　步骤 3,日志向量化

　　　语义模板转成向量,并结合变量共同组成日志向量.

　　步骤 4,序列数据构建

　　　依靠滑动窗口,按照时间先后顺序,截取固定长度的序列数据组成序列操作的矩阵.

　　步骤 5,分类

　　　为序列数据贴标签,用带标签的序列数据训练 LSTM.

　　步骤 6,测试

输出:预测标签,预测准确性指标

为了测试所提出的语义表示策略的鲁棒性和适应性,利用语义表征后的数据在不同的传统机器学习方法上进行了验证。使用随机森林、逻辑回归、决策树、K 近邻和 XGB 分类器作为基本检测算法。图 4-18 展示了 HDFS 和 BGL 数据集上的对比结果。由于 LSTM 能够很好地学习时序特征,并且日志序列服从某种时序性,因此 LSTM 的性能优于其他检测算法。大多数的机器学习方法都显示出较好的结果,这表明所提出的语义提取和向量化方法对不同的机器学习具有普遍的适应性。由于随机森林是一组融合了多棵决策树学习能力的机器学习算法,因此得到了比其他机器学习算法更好的结果。

总的来说,本节所提出的语义表征方法在异常行为检测方面性能较好,并且在

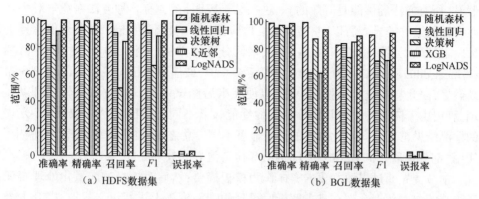

图 4-18 与机器学习方法的对比

和其他主流方法对比时,其表现出有助于 LSTM 更好地学习复杂的语义知识和时序特性。因此,LogNADS 也为基于日志语义的安全分析工作提供了思路。

4.2.4 分析讨论

为了进一步验证 LogNADS,本节开展了统计显著性检验来比较各种方法在多个数据集上的性能。通过 Friedman 检验和后续检验 Nemenyi 分析了本书的方法是否具有统计学意义。如表 4-6 所列,展示了 9 种方法在 HDFS 和 BGL 数据集上的 AUC、ACC 和 F1 值,这九种方法是由三种向量化方法和三种分类器组合而成的,LogNADS 是部分提取的向量化方法和 LSTM 分类器的组合。Friedman 假设检验后,由于 AUC、ACC 和 F1 指标的 p 值均小于 0.05,因此在 $\alpha = 0.05$ 处拒绝了零

表 4-6 基于 Friedman 排序的显著性测试结果

向量化方法	分类器	AUC		准确率		F1	
		排序	p 值	排序	p 值	排序	p 值
本书 部分提取	**LSTM**	**1**		**1**		**1**	
	随机森林	2		2		2	
	决策树	5.67		4.67		5.33	
加权聚合	LSTM	5.33		5		5	
	随机森林	5	0.0446	4.67	0.0498	5	0.0319
	决策树	8.67		8.33		8.67	
全部拼接	LSTM	5.33		7		6	
	随机森林	4.33		4.33		4.33	
	决策树	7.67		8		7.67	

假设(所有方法的性能是等效的)。这一结果表明,至少有一种方法在竞争对手之间有性能上的差异。所以,它需要后续检验,以进一步衡量不同方法的性能差异。

本节采用后续检验 Nemenyi 方法来区分不同方法。当 $p=0.05$ 时,临界值域(critical difference,CD)为 6.9363。在表 4-6 中,最佳值用粗体表示。LogNADS 表现最好,因此它被选定为控制算法,以便在事后测试中与其他方法比较。可以发现,利用决策树的方法与其他分类器的性能显著不同,并且利用"加权聚合"方法的检测结果与其他向量化方法的性能显著不同。总之,在度量值和显著性检验中,使用"部分提取"和"LSTM"的 LogNADS 比其他方法效果更好。

本节首先通过提取主要的实体作为模板摘要;然后对模板的向量化处理实现了语义的向量化理念。在日志解析后得到的唯一模板上进行语义提取,提升了语义提取的准确性;并且,语义向量化表示的过程通过限定模板中实体数量控制模板向量化后的向量规模,避免了高维向量产生的计算资源消耗大的问题。虽然,这两个地方无法实现完全的自动化,但基本可以实现半自动化,或者近似自动化。相比原始的完全手动处理,本节方法只需很少的专家力量介入,校验语义提取的准确性,在语义提取过程中,对不同类型的模板语义微调,这种半自动化的人机协作模式在一定程度上提升了语义分析和提取的准确性。

4.3 基于分布特征的异常序列检测应用

日志异常检测需要挖掘出系统异常时记录的日志,及时发现系统中存在的安全问题,通过收集日志、智能分析等技术方法提前预知网络安全态势。系统日志记录系统运行时的所有事件,通过日志挖掘可以识别造成系统故障的事件,以实现网络安全风险量化评估并为动态调整安全防护策略提供数据支持。现代系统更新频率高、攻击手段日益复杂,导致日志模板相应地频繁改变,传统基于统计和规则库的日志异常检测模型不具有较好的鲁棒性,在实践中效果不佳。本书提出基于日志序列的异常检测方法,对解析后的日志进一步挖掘。首先,根据日志记录的时间、事件 id 等信息将多条日志建模为自然语言序列,用于完整描述用户在该系统上的一次操作;其次,利用词嵌入和滑动窗口算法将日志序列编码为词序列,再训练 LSTM 模型;最后,本节在两个公开日志数据集上评估提出的方法,优于基于传统数据挖掘算法的日志序列异常检测方法。

随着云计算和大数据等新兴产业的快速发展,数据中心承担大规模服务并且面临更频繁的网络攻击,这对保证网络安全提出更高的要求。异常检测可以及时准确地帮助运维人员发现网络中存在的安全问题,全面地了解网络安全态势,有利于指定更有效的应对措施,保障数据中心服务质量和数据安全。当前数据中心服务架构复杂,托管设备具有多样性、可扩展性等特点,而系统日志是在各种设备中普遍适用,应用机器学习算法挖掘收集的日志是可靠的异常检测方法。

日志异常检测的目的是识别系统发生异常事件时产生的日志序列,系统日志记录了系统运行时所有事件产生的日志。当系统遭到攻击时,会产生异常系统日志序列,系统日志是非结构化数据,其语言和格式因系统而异,因此从海量系统日志中挖掘出异常日志序列是一项有挑战性的任务。传统的基于统计和规则库的异常检测方法可以有效检测出已知攻击产生的异常日志序列。文献[25]从控制台日志中挖掘常量,若在系统执行事件的生命周期内某个常量发生改变,则认为系统产生异常。然而,在分析高校数据中心留存的真实日志后,发现日志是一种不稳定的数据,随着系统更新日志结构随之改变,并且在网络负载高时记录的日志是噪声数据。这对日志异常检测方法的稳健性提出更高要求,不仅需要检测出离线数据中已有的攻击方式,还能够检测未知攻击类型对应的异常日志序列。另一个挑战来自高并发性,当多个进程并发运行时,同一时刻的系统日志对应多个工作流,仅从时序关系构建日志序列不能准确描述单个任务。文献[87]中利用日志索引构建日志序列,利用循环神经网络识别异常日志序列,但仅使用日志模板索引会丢失日志的语义信息。

本节提出一种基于日志序列的异常检测方法,改进构建日志序列算法,并采用长短期记忆网络识别异常日志序列。基于原始日志中的信息,根据时序关系、事件ID等信息,采用滑动窗口算法生成日志序列。日志是由结构化源代码执行产生的数据,采用4.1节提出的日志解析算法将原始日志转换为结构化数据,并根据得到的日志模板标注原始日志。考虑到日志数据的不稳定性,本节既使用日志模板索引又保留日志内容,考虑日志语义信息。如图4-19所示,这3条日志随系统更新结构发生改变,但语义上都是表达写入数据,开发人员后续添加了数据来源和大小。在线服务系统会频繁更新,日志结构也会经常发生变化,本节优化构建日志序列算法,减少日志不稳定对异常检测模型有效性的影响。提出将每条日志转换为固定维度的语义向量,这种表征方法能够处理语义相似但结构不同的日志内容。

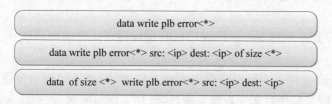

图4-19 不稳定日志示例

同一任务记录的日志具有相同的事件ID,从原始日志中提取该信息再根据时序关系划分出对应日志序列,为每个单独的任务构建与其对应的日志序列。不同任务对应的日志序列长度从几十至上百条不等,直接用来训练 LSTM 模型,该模型识别准确率不高。因此,采用滑动窗口算法,从每个任务中划分出多个子序列,根据实验结果调整参数,最终实现准确提取日志内容间的潜在关系,并且能够过滤出日志序列中的噪声子序列。长短期记忆网络是一种改进的循环神经网络,解决 RNN 无法处理长距离依赖和容易出现梯度消失的问题,在机器翻译、机器分析和医学诊断等领域中取得成功应用。本节应用 LSTM 分类模型识别异常序列,能够捕获日志序列中的上下文信息,根据学习的不同日志内容分配权重。本书在两个公开日志数据集上评估提出的方法,各项指标较传统算法均有提高。HDFS 数据集是一个千万数量级数据集,本节仅用 10% 的数据进行训练即可得到超过 99% 的准确率,在 OpenStack 数据集上也有相同趋势。

基于日志序列的异常检测框架如图 4-20 所示,可以分为三个步骤:日志收集及解析、表征日志序列、训练 LSTM 模型。首先,本节通过 Syslog 协议收集系统日志,并应用 4.1 节提出的日志解析算法 Fastlogsim 解析系统日志,提取每条日志的对应模板和模板索引;其次,基于原始日志的事件 ID 和时间顺序构建日志序列,应用词嵌入算法转换为词向量,设置合适的滑动窗口大小统一日志序列矩阵维度;最后,搭建 LSTM 模型,根据训练结果调整模型参数、损失函数优化模型性能。

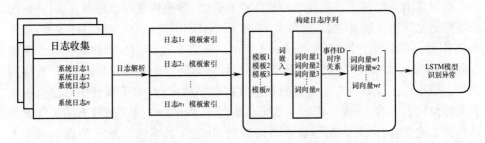

图 4-20 基于日志序列的异常预测检测框架

4.3.1 日志收集及解析

通过在设备上配置 Syslog 协议可以收集该设备工作时的系统日志,日志审计平台管理多种类型设备,因此需要并归多源日志,将每类同源日志交付给对应异常检测模型。Syslog 将系统日志保存在本地文件中,可以通过网络发送到接收日志的服务器,该服务器留存多个设备系统日志,并完成后续解析、挖掘,其配置过程简易、应用范围灵活,广泛应用于安全管理系统和日志审计平台。完整系统日志中包含生成日志的程序模块、事件 ID、事件严重性、主机名、进程 ID 和日志正文。根据主机名可以完成并归多源日志,根据事件严重性和程序模块可以过滤日志。本节应用日志解析算法 Fastlogsim 解析系统日志,这里设置文本相似度阈值为 0.75,建立"原始日志:日志模板+模板索引"的哈希表。图 4-21 给出从 6 种不同设备收集的系统日志,Syslog 没有强制规范系统日志的格式内容,可以看出每个系统记录的信息量不同。其中,红色文本为日志正文,是日志解析的主要对象,大多数研究人员称黑色文本为日志参数,记录的参数种类、数量各异。以日志时间为例,这两条日志记录时间的格式不同,"2015-10-18" "081109" "17/06/09" 等都是记录日志产生的时间。这对日志解析提出较大挑战,需要具备并归多源日志的能力,根据具体日志格式灵活调整日志解析算法参数。

```
日志1: -1117838978 2005.06.03 R02-M1-NO-C:J12-U11 2005-06-03-15.49.38.026704 R02-M1-NO-C:J12-U11 RAS KERNEL INFO instruction cache parity error corrected
日志2: 2015-10-18 18:01:50,353 INFO[main]org.apache.hadoop.mapreduce.v2.app.MRAppMaster.OutputCommitter set in config null
日志3: 081109 203615 148 INFO dfs.DataNode $ PacketResponder:PacketRessponder 1 for block blk_38865049064139660 terminating
日志4: 2015-07-29 19:04:29,071-WARN[SendWorker:188978561024:QuorumCnxManage $ SendWorker@688]-Send worker leaving thread
日志5: 17/06/09 20:10:40 INFO spark.SecurityManager:Changing view acls to:yarn,curi
日志6: [10.30 16:49:06]chrome.exe-proxy.cse.cuhk.edu.hk:5070 open through proxy.cse.cuhk.edu.hk:5070 HTTPS
```

图 4-21 多源日志示例

4.3.2 日志序列表征

本书利用词嵌入表征日志序列,基于同源日志训练 Word2vec 模型,将日志模板中的每个单词映射为固定维度的向量,根据日志参数中的时间、事件 ID 等信息构建日志序列,应用滑动窗口算法生成固定维度日志序列便于后续训练 LSTM 模型。

首先,将每条原始日志解析为对应日志模板,本书应用 Word2vec 完成词嵌入,该方法是 Google 团队提出的词嵌入方法,可分为两种模型:跳词模型(skip-gram)和连续词袋(CBOW)模型。CBOW 模型是一个三层神经网络模型,其结构如图 4-22 所示。其设计思路是应用上下文预测当前词,用 one-hot 将单词编码后作为输入,单词向量空间为 V、模型设置参考上下文单词数为 C;所有的向量与输入权重矩阵 W($V \times N$ 矩阵,N 为预定参数)相乘所得向量相加求平均值作为隐藏层输入向量($1 \times N$);再与输出权重矩阵 W' 相乘,激活函数处理后得到概率分布,并得到

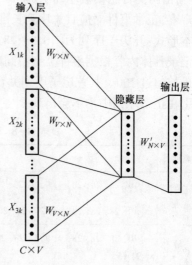

图 4-22 CBOW 模型

预测目标词。预测结果可以忽略,训练完成后全连接层参数就是需要得到的词向量矩阵。skip-gram 改变 CBOW 的输入/输出关系,目的仍是获得词向量矩阵。当处理大规模文本时,Word2vec 模型是一个权重矩阵相当大的神经网络,训练过程相当耗时,研究人员提出两种优化训练的方法:负采样、Softmax 层。Word2vec 不关注输出层预测准确率,主要关注隐藏层输出的词向量矩阵。

本节应用连续词袋模型,主要设置参数如表 4-7 所列。其中 size 为输出词的向量维度,即一个单词对应 1×8 的向量;min_count 指词频低于其值的单词会被丢掉,而记录异常行为的系统日志内容截然不同,因此低频单词是检测异常的重要依据,不能过滤低频单词;window 指参考上下文单词数,根据日志模板长度设置为 3。通过词嵌入,可以将一条含有 N 个单词的日志模板映射为长度为 $8N$ 的向量。

表 4-7 Word2vec 模型参数

参数名	参数值
size	8
min_count	1
window	3

其次,将具有相同事件 ID 的系统日志建模为日志序列,按照日志记录时间顺序进行排列。以 HDFS 数据集为例,在超过 1000 万条日志中提取超过 57 万个日志序列,其中正常日志序列数量为 558223 个,异常日志序列数量为 16838 个。表 4-8 给出两类日志模板序列示例,其中第二列数值中每个值对应日志模板索引。通过观察,正常事件对应日志序列长度较为稳定,通常为 20~25。其序列首尾子序列基本形式:开头子序列为[10,28,28,28],结尾子序列为[11,11,11,15,15,15],其中记录具体内容根据事件类型不同略有差异。异常事件长度不稳定,最短长度为 2,最长超过 100。其首尾子序列并没有规律排列方式,并且大部分异常模板中的索引在正常序列中均不会出现。

表 4-8 日志模板序列示例

类别	日志序列
正常事件	[10, 28, 28, 28, 9, 9, 9, 23, 26, 23, 26, 23, 26, 11, 11, 11, 15, 15, 15] [10, 28, 28, 28, 23, 26, 23, 26, 9, 23, 26, 9, 9, 0, 4, 0, 11, 11, 11, 15, 15, 15]
异常事件	[10, 28, 28, 28, 9, 9, 9, 23, 26, 23, 26, 23, 26, 4, 0, 4, 0, 4, 0, 4, 11, 11, 11, 15, 15, 8, 9, 15] [10, 28, 28, 40]

考虑到日志序列长度、日志模板长度均存在较大差异,若无统一规范,则日志序列矩阵维度差异过大,会导致 LSTM 模型识别准确率降低。因此,本节应用滑动窗口算法生成日志子序列,再设计数据表征算法,将每个日志子序列映射为统一维度的矩阵。根据统计日志序列长度,得出系统独立事件对应日志数量为 15~35,设置窗口大小为 20,步长为 12,生成日志子序列。本书基于词频提出的两种表征算法均能取得较高准确率。

第一种算法筛选日志模板中的单词,通过观察原始日志中提取的几十条日志模板,首先去除无语义信息的变量标识符(<*>),再去除其中的停用词,最终日志模板长度范围为 4~15。筛选词频最低的 4 个单词(日志向量长度为 32),加上日志索引,最终每条日志模板对应 1×33 的词向量。停用词通常指自然语言中没有具体语言的单词,在日志中有 this、are、which、over 等。不同模板日志在记录内容上的差异主要是其源代码上记录内容的不同,因此选用词频最低的单词可以更好反映不同类型日志间的差异。

第二种算法利用词频作为权重,以滑动窗口大小为 l 的日志序列 $S=\{\log_1,\log_2,\cdots,\log_l\}$ 为例,其中 $\log_i(i\in[1,l])$ 是一条由 n 个单词构成的日志事件,其每个单词 $\boldsymbol{v}_j(j\in[1,n])$ 对应词向量 $\boldsymbol{v}_j=\{w_1,w_2,\cdots,w_8\}$。这里将词频 p 作为词向量 $\boldsymbol{v}$ 的权重,生成日志事件 $\log_i$ 向量 $\boldsymbol{L}=\boldsymbol{v}_1\times p_1+\boldsymbol{v}_2\times p_2+\cdots+\boldsymbol{v}_n\times p_n$,最后将日志序列 S 映射为 $l\times 8$ 的二维矩阵。

滑动窗口的大小和步长会直接影响模型性能,过短的窗口会导致正常日志序列和异常序列有大量相同矩阵,这是因为大多数日志序列的首尾子序列是相似的,导致模型不能准确分辨不同类型序列。而设置较大窗口大小,长度较短的异常日志序列需要补充大量 -1,会出现过拟合现象,即大多数日志序列被判定为异常序列。因此,本节设置不同窗口大小,设置步长为滑动窗口大小×0.6。如图 4-23 所

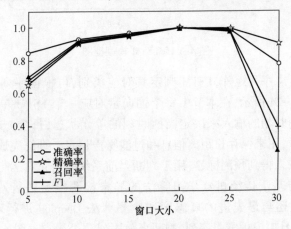

图 4-23 （见彩图）不同滑动窗口模型指标

示,共设置6组实验,窗口大小依次为5、10、15、20、25、30,对比在HDFS数据集上的4项指标。当窗口大小为20~25时,模型各项指标均达到较高水平,该区间为日志序列长度的中位数。

4.3.3 序列检测模型建立

本书应用LSTM模型对日志序列进行分类,LSTM是RNN模型的改进,适用于序列数据。LSTM能够提取上下文信息,其中节点沿着时间顺序连接形成有向图,通过记忆和遗忘特定特征来提高模型学习质量。LSTM由输入层、隐藏层和输出层组成,根据实验结果调整模型结构和参数,如图4-24所示,本节LSTM模型包含一个隐藏层,其中有512个隐藏单元,单元类型为LSTM。当损失函数为均方误差(MSE)时,模型识别准确率较高,则:

$$\text{MSE} = \frac{\sum_{i=1}^{n}(y_i - y_i^p)^2}{n} \tag{4-4}$$

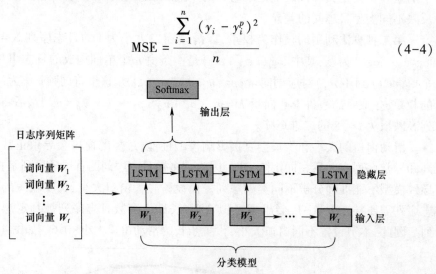

图4-24 LSTM模型框图

对于给定日志序列矩阵,LSTM判定其对应类别,再根据序列对应事件ID发出预警。如图4-24所示,在本节中每个词向量对应一个LSTM单元,根据上一时刻的输出和当前时刻的输入来决定当前时刻的单元状态,每个LSTM单元通过训练调整权重参数,用来保存长距离信息和过滤噪声信息。训练完成后,将表征好的日志序列作为输入得到预测标签,用于判断当前系统是否正常运行。

本节不仅与基于传统机器学习算法的异常检测模型进行对比,包括PCA、SVM、RF和LR;还与最先进的日志序列检测算法Deeplog进行对比,Deeplog用LSTM模型预测日志模板索引序列,判断当前序列是否异常。图4-25中将本节提出方法与这 5 种算法进行对比,本节提出算法在 3 个指标上均占优。传统机器学习算法的性能较为优秀,尤其在随机森林和 SVM 上各项指标都与 LSTM 接近。机器学习算法虽然指标上略低于 LSTM,但其计算量比神经网络少,训练、测试耗时低,但难以识别训练集中未出现的序列,因此随机采样生成的训练集分布会对结果产生较大影响。

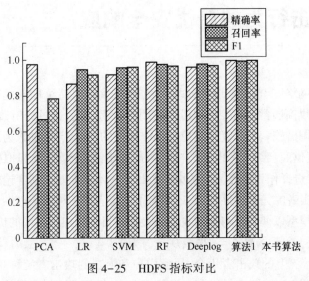

图 4-25　HDFS 指标对比

4.3.4　分析讨论

本章提出基于日志序列的异常检测方法,在 4.1 节日志解析的基础上完成日志挖掘工作。基于词嵌入和滑动窗口算法构建日志序列,并设计两种基于词频的日志表征算法,在两个公开日志数据集上的实验结果证明设计的 LSTM 模型各项指标均有所提升。并且通过手动合成异常序列模拟真实场景下日志更新,提出的算法能够保障异常检测模型的稳健性。

第5章
面向攻击行为的最优安全响应

为了维护网络安全,有效地抵御恶意攻击(如高级可持续攻击、基于异常流量的攻击等),云提供商通常会监控虚拟机上的用户行为,然后通过分析监控得到的信息制定高效的防御措施。为了优化监控过程中耗费的安全资源,如人力、物力、财力、计算等资源,云提供商会综合考虑虚拟机可能被攻击的概率,以及虚拟机的价值信息,进而制定计划,选择作为重点监控的虚拟机目标。本章在基于博弈论研究的过程中,不但考虑了攻击者的完全理性行为,还考虑了攻击者的三种有限理性行为,并根据不同的攻击行为模型以博弈参与者的收益最大化为目标提出了不同的优化模型。

考虑这样一个云场景 $C=\{T,A,D\}$。假设 $T=\{1,\cdots,i,\cdots,n\}$ 是虚拟机,称为目标;A 为目标 T 上的攻击者集合,恶意用户和潜在的攻击者统称攻击者;D 为目标 T 上的一个防守者,即云提供商。防守者和攻击者通过制定目标集合 T 上的监控和攻击概率分布作为各自的博弈策略。本章利用博弈论来分析攻防的交互行为,并将攻防双方的策略与花费、攻击行为模型等相关量化参数相结合得到各自的收益函数,如图 5-1 所示。博弈双方以最大化各自的收益为目标进行博弈,最后同时满足双方收益最大的一组监控和攻击概率为博弈均衡解。

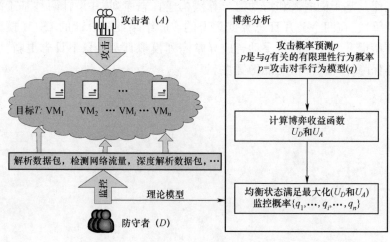

图 5-1 博弈场景

5.1 安全攻防博弈建模

Stackelberg 博弈用来模拟云提供商和攻击者之间的交互,显然,云提供商作为防守者和攻击者属于两个对立的角色,二者之间不可能存在合作关系,所以用非合作博弈来分析防守者和攻击者之间的交互。攻击者和防守者为博弈参与者;攻击者期望通过攻击目标获得较大的攻击收益;如果有多个攻击者同时发动攻击,假定攻击者之间是合作攻击,将多个攻击者看作一个整体。防守者通过监控目标上的攻击行为获得防守收益;考虑只有一个云提供商的情况,故防守者的数量只有一个。所以,攻击者和防守者之间的互动可以模拟成 1 对 1 的非合作 Stackelberg 攻防博弈。

攻击者的策略是制定目标集合 T 上的攻击概率分布,定义为 $\boldsymbol{p} = \{p_1, p_2, \cdots, p_n\}$;攻击者的策略集为 $S_A = \{\boldsymbol{p} : \boldsymbol{p} \in [0,1]^n\}$。防守者的策略是制定目标集合 T 上的监控概率分布,定义为 $\boldsymbol{q} = \{q_1, q_2, \cdots, q_n\}$;防守者的策略集为 $S_D = \{\boldsymbol{q} : \boldsymbol{q} \in [0,1]^n\}$。攻击者和防守者在目标 i 上的收益如表 5-1 所列。两个行变量代表攻击者的两个行动(攻击和不攻击),两个列变量代表防守者的两个行动(监控和不监控)。每对攻击和防守行动组合给攻防双方带来的收益由逗号隔开,逗号前的分量代表攻击者的收益,逗号后的分量代表防守者的收益。

表 5-1 攻击者和防守者在目标 i 上的收益

攻击		防守者	
		监控 (q_i)	不监控 ($1-q_i$)
攻击者	攻击 (p_i)	$\alpha P_i^a + (1-\alpha) R_i^a - C_i^a$, $\alpha R_i^d + (1-\alpha) P_i^d - C_i^d$	$R_i^a - C_i^a$, P_i^d
	不攻击 ($1-p_i$)	$0, -C_i^d$	$0, 0$

防守者和攻击者各自的期望收益由各组不同的行动集合中获取的收益累计得到,分别表示为

$$U_D(\boldsymbol{p}, \boldsymbol{q}) = \sum_{i \in T} p_i q_i [\alpha R_i^d + (1-\alpha) P_i^d - C_i^d] + p_i(1-q_i) P_i^d - (1-p_i) q_i C_i^d$$

$$= \sum_{i \in T} q_i [\alpha p_i (R_i^d - P_i^d) - C_i^d] + p_i P_i^d \tag{5-1}$$

$$U_A(\boldsymbol{p}, \boldsymbol{q}) = \sum_{i \in T} p_i q_i [\alpha P_i^a + (1-\alpha) R_i^a - C_i^a] + p_i(1-q_i)(R_i^a - C_i^a)$$

$$= \sum_{i \in T} p_i [\alpha q_i (P_i^a - R_i^a) + (R_i^a - C_i^a)] \tag{5-2}$$

5.2 单目标优化模型

早期的博弈研究普遍来说受限于对手行为完全理性这个假设,但实际生活中并非如此,现实生活中存在大量的不定性,用户行为也非完全理性。在本书中主要描述了一种完全理性和三种有限理性的用户行为模型。

1. 完全理性

在博弈过程中,假设参与者双方都选择使自己收益最大化的策略开展行动,称其为完全理性(PFC)参与者。在这种情况下,攻击者和防守者的均衡策略是满足收益最大时的策略组合。将从式(5-1)和式(5-2)得到的最优攻防策略分别记为 p_i^* 和 q_i^*,即

$$\begin{cases} p_i^* = \mathrm{argmax}\, U_A & (p_i \in [0,1]) \\ q_i^* = \mathrm{argmax}\, U_D & (q_i \in [0,1]) \end{cases} \quad (5\text{-}3)$$

2. Prospect Theory

Prospect Theory(PT)是策略领域的一种有限理性的用户行为模型。在本章中,攻击目标 i 的前景通常可以计算为

$$\mathrm{prospect}(i) = \pi(q_i) V_{\alpha,\beta,\theta}(P_i^a - C_i^a) + \pi(1 - q_i) V_{\alpha,\beta,\theta}(R_i^a - C_i^a) \quad (5\text{-}4)$$

假设攻击对手的攻击概率是混合策略,选择攻击目标的概率与前景呈比例,即

$$p_i = \frac{\mathrm{prospect}(i) - \min(\mathrm{prospect}(i))}{\sum_{i=1}^{n}(\mathrm{prospect}(i) - \min(\mathrm{prospect}(i)))}, \sum p_i = 1 \quad (5\text{-}5)$$

将上述攻击概率 p_i 代入防御收益函数式(5-1)中,可以得到攻击概率 p_i 和防守者的收益函数 U_D,即

$$\begin{cases} U_D(q) = \sum_{i=1}^{n} p_i [\alpha q_i (R_i^d - P_i^d) + P_i^d] - q_i C_i^d \\ q_i^* = \mathrm{argmax}\, U_D(q_i) \\ p_i^* = p_i(q_i^*) \end{cases} \quad (5\text{-}6)$$

3. Quantal Response

Quantal Response(QR)模型假定攻击对手是有限理性的,其攻击概率预测为

$$p_i(q_i) = \frac{e^{\lambda U_A(q_i)}}{\sum_{j=1}^{n} e^{\lambda U_A(q_j)}} \quad (p_i, q_i \in [0,1]) \quad (5\text{-}7)$$

其中,$\lambda \in [0,\infty)$ 是用来控制攻击行为理性程度的一个正参数,也可以用来

指代攻击行为中出现的错误级别或者数量。将攻击者关于监控策略 q_i 变化的效用函数 $U_A(q_i)$ 代入式(5-7)中可以得到更新后的攻击概率,进而得到防守者的效用函数,具体推导过程如下:

$$\begin{cases} U_A(q_i) = \alpha q_i(P_i^a - R_i^a) + (R_i^a - C_i^a) \\ p_i(q_i) = \dfrac{e^{\lambda U_A(q_i)}}{\sum_{j=1}^n e^{\lambda U_A(q_j)}} = \dfrac{e^{\lambda[\alpha q_i(P_i^a - R_i^a) + (R_i^a - C_i^a)]}}{\sum_{j=1}^n e^{\lambda[\alpha q_i(P_i^a - R_i^a) + (R_i^a - C_i^a)]}} \\ U_D(\boldsymbol{q}) = \sum_{i \in T} \dfrac{[\alpha q_i(R_i^d - P_i^d) + P_i^d] e^{\lambda[\alpha q_i(P_i^a - R_i^a) + (R_i^a - C_i^a)]}}{\sum_{j=1}^n e^{\lambda[\alpha q_i(P_i^a - R_i^a) + (R_i^a - C_i^a)]}} - q_i C_i^m \\ (\boldsymbol{q} = \{q_1, \cdots, q_i, \cdots, q_n\}) \end{cases} \tag{5-8}$$

所以,求解纳什均衡的过程就是式(5-9)所示的最优化问题求解过程:

$$\begin{aligned} q_i^* &= \mathrm{argmax} U_D(q_i) \\ p_i^* &= p_i(q_i^*) \end{aligned} \tag{5-9}$$

4. Subjective Expected Utility Quantal Response

Subjective Expected Utility Quantal Response(SEU)是在制定策略过程中用来评估策略的期望效用函数。在本章中,攻击者的期望效用函数被模拟成关于奖励 R_a、惩罚 P_a 和监控概率 q_i 这三个策略指标的加权求和函数为

$$U_A = \omega_1 R_a + \omega_2 P_a + \omega_3 q_i \tag{5-10}$$

所以,SUQR 预测的目标 i 上的攻击概率为

$$p_i = \dfrac{e^{\omega_1 R_a + \omega_2 P_a + \omega_3 q_i}}{\sum e^{\omega_1 R_a + \omega_2 P_a + \omega_3 q_i}} \tag{5-11}$$

式中:$(\omega_1, \omega_2, \omega_3)$ 为攻击者的偏好程度(如权重);R_a 为攻击者通过攻击目标 a 获得的奖励;P_a 为攻击者通过攻击目标 a 得到的惩罚;q_i 为防守者在目标 i 上的监控概率。通过解下式可以得到纳什均衡解:

$$\begin{cases} U_D(\boldsymbol{q}) = \sum_{i \in T} \dfrac{[\alpha q_i(R_i^d - P_i^d) + P_i^d] e^{\omega_1 R_i^a + \omega_2 P_i^a + \omega_3 q_i}}{\sum_{j=1}^n e^{\omega_1 R_j^d + \omega_2 P_j^d + \omega_3 q_j}} - q_i C_i^d \\ q_i^* = \mathrm{argmax} U_D(q_i) \\ p_i^* = p_i(q_i^*) \end{cases} \tag{5-12}$$

下面介绍用最大似然估计来估计参数 $(\omega_1, \omega_2, \omega_3)$ 的值的过程。给定一组博弈实例 G(已知监控策略 q 和收益),N 组可能的攻击策略,ω 的似然函数为

$$L(\omega | G) = \prod_{j=1}^N p_{\tau_j}(\omega | G) \tag{5-13}$$

式中：$t_j \in T$ 为该目标被第 j 个受试者攻击。

ω 的对数似然函数为

$$\log L(\omega \mid G) = \sum_{j=1}^{N} \log p_{\tau_j}(\omega \mid G) = \sum_{t_i \in T} N_i \log p_i(\omega) \tag{5-14}$$

结合式(5-11)，有

$$\log L(\omega \mid G) = \sum_{t_i \in T} N_i U_i^a(q_i) - N\log(\sum_{t_i \in T} e^{U_i^a(q)}) \tag{5-15}$$

当式(5-15)的对数似然函数最大时，则可以获得最优参数 ω，即

$$\max_{\omega} \sum_{q} \log L(\omega \mid G) \tag{5-16}$$

式中：$\log L(\omega \mid G)$ 为凹函数，因此，$\log L(\omega \mid G)$ 有唯一的最大值。

5. 单目标优化算法

针对 PFC、PT、QR 和 SUQR 这 4 种有限理性的攻击行为建立的单目标优化模型，本章设计了单目标优化算法来求解。

在攻击行为完全理性的 PFC 单目标优化模型中，攻防双方参与者的效用函数都是线性函数，所以直接用 linprog 优化函数求纳什均衡解；在攻击行为有限理性的 PT、QR 和 SUQR 这三种单目标优化模型中，攻防双方参与者的效用函数都是非线性函数，用遗传算法求纳什均衡解。

如果攻击行为是已经预先确定的，单目标优化方案会优于多目标优化方案，如表 5-2 所列。4 个行变量代表由 4 种攻击行为模型获得的 4 种攻击策略，5 个列变量代表由 4 种单目标优化模型和多目标优化模型获得的 5 种监控策略。每个单元格的数字代表所在行对应的攻击策略和所在列对应的监控策略给防守者带来的收益。例如，当攻击行为完全理性，监控概率来自(PFC)单目标优化模型时，防守者的收益为 23.4956，此时防守者的收益要比采用其他 4 种优化监控方案获得效用值更大。注意，为了得到可靠的防守收益，首先采用 100 组不同的目标权重分布，运行 100 次多目标优化实验；然后分别求 100 组监控概率对应的防守收益；最后记录防守收益的平均值。

表 5-2 确定的攻击行为与防守收益

策　略		监控策略 q				
		PFC	QR	SUQR	PT	MultiObj
攻击策略 p	PFC	**23.4956**	21.186	1.2972	-11.4183	19.8080
	QR	-4.7896	**3.0629**	-4.5116	-1.7931	-1.7909
	SUQR	6.0956	4.5550	**7.1159**	-5.1484	5.4009
	PT	-6.5044	3.6514	-5.4841	**6.1938**	-3.3044

因为单目标优化方案注重一个明确的目标,在特定的情况下满足一个目标函数的最大化;多目标优化方案需要同时考虑多个目标,在符合某些规则或者权重分布下同时满足多个目标函数的最大化。因此,若攻击行为是确定的,则与之对应的3个单目标优化方案可以为防守者带来最大的收益。

5.3 多目标优化模型

单目标优化模型介绍的是对抗一种类型的攻击对手博弈,防守者解决的问题是优化一个目标。但是,在很多情况下,防守者必须同时考虑多种不同类型的攻击对手。例如,在云计算领域,云服务提供商需要保护虚拟设备或者服务免受恶意用户或数据窃贼等攻击者的攻击;从云提供商的角度来看,无法确定攻击者的类型,每种不同类型的攻击者都会产生不定的威胁。如何选择安全监控策略尽量避免威胁是本章要解决的主要问题。

本章重点研究同时对抗上述四种不同类型的攻击者,如何做出安全的监控决策,找到一组同时满足多个目标的最优解。采用多目标安全博弈来模拟防守者和多种行为模型的攻击者之间的交互。如何对抗一种行为模型的攻击者被抽象成防守者的一个目标,即

$$\max(U_{\text{PFC}}^d(q), U_{\text{QR}}^d(q), U_{\text{SUQR}}^d(q), U_{\text{PT}}^d(q)) \tag{5-17}$$

式中:$U_{\text{PFC}}^d(q)$ 为攻击行为完全理性时的防守收益;$U_{\text{QR}}^d(q)$ 为攻击行为符合有限理性 QR 模型时的防守收益;$U_{\text{SUQR}}^d(q)$ 为攻击行为符合 SUQR 模型时的防守收益;$U_{\text{PT}}^d(q)$ 为攻击行为符合 PT 模型时的防守收益。

本节为防守者建立了多目标优化模型来应对多种攻击行为,并设计了多目标优化算法对多目标优化问题进行求解,算法伪代码如算法 5-1 所示,主要用 fgoalattain 函数将式(5-17)的多个单目标优化问题转化成式(5-18)的一个单目标最优化问题:

$$\max_q(\omega_{\text{PFC}} U_{\text{PFC}}^d(q) + \omega_{\text{QR}} U_{\text{QR}}^d(q) + \omega_{\text{SUQR}} U_{\text{SUQR}}^d(q) + \omega_{\text{PT}} U_{\text{PT}}^d(q))$$

(5-18)

多目标优化算法的具体步骤。

(1)初始化:为多个单目标初始化 Times 组权重分布 weight,并建立多目标优化函数 MultiObj,计数器 $i = 1$。

(2) 迭代:将多目标函数 MultiObj 和权重分布 weight(i) 代入优化算法 fgoalattain 中运行,可以得到一组 (q, U_d),并保存。

(3) 如果迭代次数 $i \neq$ Times,执行步骤(2),否则结束迭代,从 Times 个 U_d 中选择最大值赋值给 U_{d_max},与 U_{d_max} 相对应的监控概率记为 q^*,返回结果 (q^*, U_{d_max}),有

$$\max(U_1^d(q), \cdots, U_5^d(q)) \quad (5-19)$$

算法 5-1 多目标优化算法

初始化:
 weight←Times 组权重分布
 MultiObj←建立多目标函数
 计数 $i = 1$

迭代开始:
 当 $i <$ Times 时
  选择一组权重分布 weight(i);
  (q, U_d) ← fgoalattain(MultiObj, weight(i));
  i ++;
结束迭代:
 U_{d_max} = max(U_d),
 $q^* \leftrightarrow U_{d\_max}$
返回:(q^*, U_{d_max})

本节通过数值分析测试和验证多目标优化方案的性能,其中的参数设置如下 $R_a, R_d \in [0,10]$,$P_a, P_d \in [-10, 0]$,$C_a, C_d \in (0,1)$。在实际的云系统中,这些数字可以通过某种转化方式折换成金钱或者其他计量单位。

由于现实生活中存在许多不确定性,有时候无法预先确定攻击行为符合的模型,称攻击行为是随机的。如图 5-2 所示,随机生成了 100 组随机的攻击概率,然后分别采用 4 种单目标优化方案和多目标优化方案计算防守者的效用。注意,本节从 100 组不同的权重分布中选取了防守收益最大时对应的一组权重分布 [0.31, 0.31, 0.06, 0.32] 作为最终的权重分布参数值。通过对比,可以发现多目标优化方案与单目标优化方案相比,可以为防守者带来更大的收益。

从上述案例中可以得出结论,多目标优化方案与单目标优化方案相比对攻击行为的覆盖更加全面。因此,当面临随机的攻击行为时,多目标优化方案优于单目标优化方案。

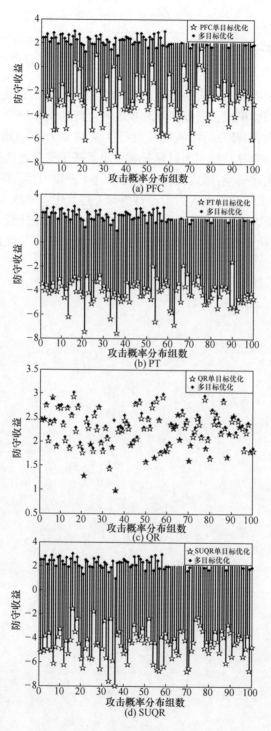

图 5-2 随机的攻击行为与防守收益

5.4 分析讨论

本章研究了云提供商在应对多种类型的攻击行为时的最优虚拟机监控方案,并用 Stackelberg 博弈模拟了云提供商和攻击者之间的交互行为。首先将攻击者的行为分为完全理性和有限理性,有限理性行为又细分为 PT、QR、SUQR 3 种子类;然后以参与者的博弈收益最大为目标分别提出了基于完全理性和三种有限理性攻击行为的单目标优化模型;最后又提出了基于这 4 种攻击行为的多目标优化模型。通过数值分析,得出结论当真实的攻击行为与上述其中一种攻击行为对应的时候,相应的单目标优化方案更好。当真实的攻击行为不与上述任意一种攻击行为对应的时候,多目标优化方案更好,可以为参与者带来更大的安全收益值。

第6章
有限网络安全资源的优化配置

为了维护网络环境的安全,网络安全操作中心(Security Operation Center, SOC)结合网络安全系统的反馈,如入侵检测、防火墙等,分析网络的异常行为,配置防护资源。通常,某些价值敏感的系统(如财务系统、军事系统)每天都会面临大量的攻击和异常访问,而网络中心的安全防护资源(如安全专家、安全设备等)由于数量有限无法实现对所有的系统实施全面保护,这为SOC如何分配有限的防护资源对抗大量的异常行为带来了挑战,本章从资源管理的角度出发,将虚拟机、虚拟服务或者网站看成网络攻击和防护的目标,针对网络异常行为未知和动态导致的防御难的问题设计基于攻防交互博弈的防护资源优化配置策略。

本章建立了一个攻防博弈论模型来模拟安全操作中心和攻击者之间的博弈过程,将虚拟机、虚拟服务或者网站看成网络攻击和防护的目标,也是博弈参与者处理的对象,安全操作中心作为防守角色,目的是利用最少的防护资源最大可能地保护目标安全,网络攻击者作为对抗的攻击角色,目的是发动攻击破坏网络。在本博弈场景中,防守者的行动是如何分配防护资源保护目标,攻击者的行动是发动异常行为,攻击网络。

博弈建模的难点在于如何量化地定义参与者的收益,即如何量化参与者做出每个行动后可能得到的回报和代价。对于本场景中的攻击和防守双方来说,行动消耗的成本都是资源,得到的行动回报是收益,虽然他们的计算单位不同,但是可以通过数学方法将其映射到同一个隐含空间进行换算。例如,网络安全操作中心分配安全专家分析和配置目标 T_1,未分配安全专家配置目标 T_2,那么在目标 T_1 上的配置策略可能会抵御攻击,而在目标 T_2 上没有安全配置,即没有任何抵御攻击的能力,所以在目标 T_1 上获得的收益相对来说要高于在目标 T_2 上获得的收益。相应地,在博弈场景中,如果防守者将防护资源分配给一个目标,则在此目标上获得的收益会高于在未分配防护资源的目标上获得的收益。

本章的研究场景:当防护资源数量 M 远远小于需要保护的目标数量 N 时,如何分配 M 个防护资源保护 N 个目标才能确保目标安全。表6-1中列举了攻防博弈建模过程中涉及的参数, $T=\{1,\cdots,i,\cdots,n\}$ 是有效的目标集合, i 表示一个目标；A 表示攻击者(attacker)，攻击策略表示为 $p=\{p_1,p_2,\cdots,p_n\}$，p_i 为攻击者攻击目标 i 的概率，即攻击行为发生在目标 i 上的概率；D 表示防守者(defender)，防守策略表示为 $q=\{q_1,q_2,\cdots,q_n\}$，其中，q_i 为防守者保护目标 i 的概率，即网络安全操作中心分配防护资源保护目标 i 的概率。防护资源的数量 C^m 通过不等式条件 $\sum_{i\in T} q_i C_i^m \leq C^m$ 来控制，C_i^m 表示在目标 i 上采取防守行动所消耗的防护资源数量。例如，处理一个异常程度优先级较高的目标往往需要多个安全专家联合分析或者需要安全专家结合多个安全设备联合优化进行深度处理，而对于异常程度级别较低的目标，往往一个安全专家可以同时处理多个目标。所以，C_i^m 在不同的场景下对应着不同的值。

表 6-1 参数说明

参数	描述	参数	描述
T	目标集合	p_i	目标 i 上的攻击概率
N	T 中的目标总数	q_i	目标 i 上的防守概率
A	攻击者	C_i^m	保护目标 i 的防守资源
D	防守者	M	防护资源的总数量

通过上述介绍，目标的安全防御问题转化为有限的防护资源配置问题，即基于一系列的已知条件(包括防护资源数量、目标数量、行动回报、行动成本等)，如何在大量的目标集合上计算最优的防护资源的分配概率分布。

防守者和攻击者的收益不仅与他们的策略有关，而且与各自拥有的防护资源数量限制有关，由于本书假设攻击资源无限制，因此，本章主要分析防守者的防护资源数量 M 对防守收益的影响。本章生成 100 组随机博弈实例，设定目标的数量 N 为 1000，然后将防守者的防护资源数量作为变量，评估其对攻击者和防守者双方的收益的影响。在图 6-1 中，横轴表示可用的防护资源数量与保护所有目标所需最大资源数量的比例(以下简称防护资源比例)，纵轴表示参与者的收益。

由图 6-1 的拟合曲线可知，当防护资源比例为零，即无防护资源可用时，防守者的收益是最低的，而攻击者的收益是最高的，此时的系统在安全性方面相当于没有任何的安全防护。随着可用的防护资源比例的增加，防守者的收益增加，攻击者的收益逐渐地减少。当防守的防护资源比例达到 40% 时，参与者双方的收益都趋于稳定。因此，得出结论，当可用资源占比大约为 40% 时，基本上能够处理危险性较高的目标，此时博弈双方的收益持平，也从另一个方面说明，在所有的目标中，最多 40% 为真正有风险，需要配置防护资源，其余的目标为虚假目标和误报的可能性较大。

本章的博弈均衡策略能够计算出不同的行动奖励、惩罚和成本下需要的防护

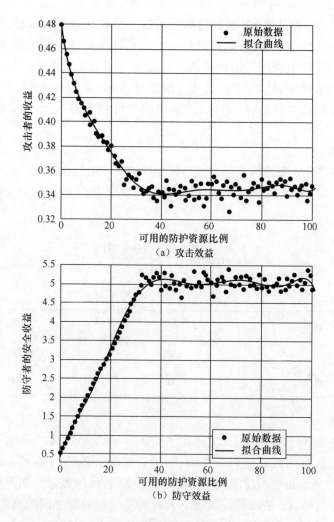

图 6-1 防护资源数量对参与者双方的收益影响

资源的合适数量。因此,本章提出的资源分配方案是在节约资源的同时获得更大的收益的一种可选方法,并且从经济学的角度提高了防守者的防御效果。

本章从脆弱性、覆盖率和有效性三个角度评估分配策略的安全效果。

1. 脆弱性

均衡策略 NE 是攻防双方的收益达到最大时对应的防守策略。脆弱性(vulnerability)定义为评估目标可能对系统产生的危险性的评估指标[158],即

$$\text{vulnerability} = \frac{\text{success} - \text{failure}}{\text{success} + \text{failure}} \tag{6-1}$$

式中:success 和 failure 分别为攻击成功和失败的目标数量。

本章评估了均衡策略 NE 和其他四种策略的脆弱性,这里假设网络安全操作中心在目标上配置防护资源,则这些目标上的威胁将会被大大减弱,标记为攻击未成功;相反,如果未被配置防护资源的目标被攻击,则这个目标上的威胁将会渗入网络或者系统中,代表攻击成功。很明显,success 值较大和 failure 值较小时预示脆弱性较高。所以,一般来说,脆弱性越低代表这个分配策略的安全性越高。

2. 覆盖率

覆盖率被定义为安全的目标在总目标中的比例,如式(6-2)所示,其中安全的目标被定义为配置防护资源和未被攻击的目标,对应表 6-2 中的 AP、NP 和 NF 的三种情况,有

$$\text{coverage} = \frac{AP + NP + NF}{N} \tag{6-2}$$

表 6-2　目标上的策略结果标记

功防行动	防护	未防护
攻击	AP	AF
未攻击	NP	NF

3. 有效性

为了验证本章所提出的博弈方法在不同场景下的质量,本书评估了防守者的收益和防护资源利用的有效性。其中,防护资源的有效性(effectiveness)定义如式(6-3)所示,表示每个单位的防护资源可以处理的目标数量。如果想要更加清晰直观地对比两种防护资源分配策略下资源利用的有效性之间的差距,可以用式(6-4)定义的有效性增长率。本书不再详细赘述。

$$\text{effectiveness} = \frac{N_{\text{protected}}}{N_{\text{resouces}}} \tag{6-3}$$

$$\text{Growth\_Rate} = \frac{a - b}{b} \tag{6-4}$$

式中:a 为用未考虑行动成本的收益函数计算的分配策略下资源利用的有效性;b 为考虑了行动成本的收益函数计算的分配策略下资源利用的有效性。

6.1　Stackelberg 博弈模型

为了解决上述问题,本章构建了一个基于博弈论的资源分配模型作为防护资源处理系统的入口。该系统需要提前输入所有目标的相关信息,主要包括目标数量、可用的防护资源数量、保护和攻击某个目标的行动回报和成本、攻击者的理性参数和防守者的自信参数。根据输入信息,系统可以自动计算出在这些目标上的最佳的防守概率,以及随之可能发生的攻击概率分布。在计算过程中,攻击者和防守者之间行动策略的不断交互过程通过 Stackelberg 博弈模型模拟得到,博弈模型将攻防双方建立各自的收益函数作为其行动策略的依据。

博弈论被广泛用于分析收益冲突的参与者之间试图通过改变自己的策略或基于对手的反应来改变策略最终赢得博弈胜利的问题。Stackelberg 博弈是一种常用的非合作不完全信息博弈。在一个 Stackelberg 博弈实例中,参与者按顺序制定策略:先制定策略的参与者为领导角色,后做出策略响应的参与者作为追随角色。

在本研究场景中,攻击者和防守者是两个立场相对的角色,他们都想消耗最少的资源来最大化各自的收益。在博弈交互过程中,防守者作为领导者首先决定如何分配防护资源以期得到最大的收益;攻击者作为追随者,在观察到防守者制定的策略之后选择能够给自己带来最大收益的攻击策略。本场景中的攻击者和防守者之间的利益冲突、各自对最大利益的追求和行动的顺序使其符合 Stackelberg 博弈框架的基本要求。因此,有限防护资源的优化配置方法基于 Stackelberg 博弈模型建立。

在 Stackelberg 博弈中,攻击者和防守者各自有两种可选择的行动,即攻击和不攻击,防守和不防守(在目标上配置和不配置防护资源)。所以,在博弈中共有四种(2×2)行动组合,如表 6-3 所列。

表 6-3　攻防行动的策略组合

功防行动	防守 (q_i)	不防守 ($1 - q_i$)
攻击 (p_i)	$-\alpha P_i^a + (1-\alpha)R_i^a - C_i^a, \alpha P_i^a - (1-\alpha)R_i^a - C_i^m$	$R_i^a - C_i^a, -R_i^a$
不攻击 ($1 - p_i$)	$0, -C_i^m$	$0, 0$

(1) 组合 1(攻击,防守):攻击者对目标 i 发动了攻击,同时防守者也对目标 i 采取了防守措施,即目标 i 被攻击,同时防守者也分配了防护资源保护目标 i。在这种情况下,攻击者的收益为 $-\alpha P_i^a + (1-\alpha)R_i^a - C_i^a$,防守者的收益为 $\alpha P_i^a - (1-\alpha)R_i^a - C_i^m$,其中 α 为防守者预测攻击的自信程度,P_i^a 为攻击惩罚,R_i^a 为攻击奖励。

(2) 组合 2(攻击,不防守):攻击者对目标 i 发动了攻击,但防守者没有对目

标 i 采取防守措施,即目标 i 被攻击,但防守者未防护。这种情况下,攻击者不会被惩罚,所以攻击收益由攻击奖励和攻击行动成本构成 $R_i^a - C_i^a$;防守者的收益为防守惩罚 $-R_i^a$。

(3) 组合3(不攻击,防守):攻击者没有对目标 i 发动攻击,但防守者对目标 i 采取了防守措施,即目标 i 未被攻击,但是防守者分配了防护资源保护目标 i。在这种情况下,攻击者没有收益,收益为0;防守者徒劳一场,没有奖励和惩罚,却需要付出行动代价,即 $-C_i^m$。

(4) 组合4(不攻击,不防守):攻击者没有对目标 i 发动攻击,防守者对目标 i 也没有采取防守措施,即目标 i 未被攻击,防守者也没有分配防护资源保护目标 i。在这种情况下,攻击者和防守者都没有收益,收益均为0。

为了区分不同的攻击目标,文献[97]将目标模拟成相互独立的安全资产。本场景中,不同的目标由目标的资产价值、行动回报及成本的参数联合标记。所以,每个参与者的总收益都可以看成所有可能的策略行动对在对应的攻防概率下所产生的收益的和,防守者和攻击者的收益可以分别表示如下:

$$U_M(\boldsymbol{p},\boldsymbol{q}) = \sum_{i \in T} p_i q_i [\alpha P_i^a - (1-\alpha) R_i^a) - C_i^m] - p_i(1-q_i) R_i^a - (1-p_i) q_i C_i^m$$

$$= \sum_{i \in T} q_i [\alpha p_i (P_i^a + R_i^a) - C_i^m] - p_i R_i^a \tag{6-5}$$

$$U_A(\boldsymbol{p},\boldsymbol{q}) = \sum_{i \in T} p_i q_i [-\alpha P_i^a + (1-\alpha) R_i^a) - C_i^a] + p_i(1-q_i)(R_i^a - C_i^a)$$

$$= \sum_{i \in T} p_i [-\alpha q_i (P_i^a + R_i^a) + (R_i^a - C_i^a)] \tag{6-6}$$

与其他研究中的收益函数不同之处在于,本场景中考虑了行动的成本对于行动策略的影响。定义了攻防双方的行动策略和收益函数后,下一步的目的是得到最优的一组防守概率分布,这组最优的防守概率分布与最优的攻击概率分布也称博弈的一组纳什均衡策略。

定义:考虑一个博弈实例 $G = \{s_1, \cdots, s_n; u_1, \cdots, u_n\}$,共有 n 个参与者。如果一个策略组合 $\{s_1^*, \cdots, s_n^*\}$ 中的策略 s_i^* 对任何参与者 i 来说都是最优的策略或者不劣于其他 $n-1$ 个策略。那么,这个策略组合就被称为纳什均衡策略(Nash equilibrium,NE)[134]。

6.2 QR 行为模型

上述分析假设攻击者是完全理性的,即假定攻击者制定行动策略时对防守策略完全了解。但是,在现实生活中,攻击者并不会一直完全理性,因为攻击者不可能探查到防守策略的全部信息。相应地,防守者对攻击者的理性和行动的了解也存在不确定性,如果攻击者并没有选择最优的策略,而是稍微偏离最优攻击策略,那么有可能导致防守者的收益减少。很明显,防守者并不愿意接受这样的低收益。

为了模拟有限理性的对手行为,目前已经研究出很多的行为模型,包括量化响应(quantal response,QR)、期望量化(subjective utility-based QR,SUQR)、前景理论(prospect theory,PT)等,并在科研中得到了应用。文献[159]证明,在 Stackelberg 博弈中,QR 模型更符合对抗对手的行为理性。所以,本章将 QR 模型引入博弈论模型中。

应用了 QR 模型后,一个有限理性攻击者的策略中的噪声因素由参数 λ 控制,$\lambda=0$ 表示攻击策略服从均匀分布,$\lambda \rightarrow \infty$ 代表一个完全理性的攻击策略。所以,基于 QR 模型的攻击目标 i 的概率为

$$p_i = \frac{e^{\lambda U_A(q_i)}}{\sum_{j=1}^{n} e^{\lambda U_A(q_j)}} \quad (\lambda \in [0,\infty)) \tag{6-7}$$

基于 QR 模型的防守收益函数如式(6-8)所示,此时的 U_M 关于防守概率 p_i 呈非线性变化,即

$$\begin{aligned} U_M(\boldsymbol{p},\boldsymbol{q}) &= \sum_{i \in T} q_i [\alpha p_i (P_i^a + R_i^a) - C_i^m] - p_i R_i^a \\ &= \sum_{i \in T} \left[\frac{[\alpha q_i (P_i^a + R_i^a) - R_i^a] e^{-\lambda [\alpha q_i (P_i^a + R_i^a) + (R_i^a - C_i^a)]}}{\sum_{j=1}^{n} e^{-\lambda [\alpha q_j (P_j^a + R_j^a) + (R_j^a - C_j^a)]}} - q_i C_i^m \right] \end{aligned} \tag{6-8}$$

防守者的目标转换为在防护资源 C^m 数量有限的情况下最大化其收益函数为

$$\max_{\boldsymbol{q}} U_M, \text{s. t.} \begin{cases} \sum_{i \in T} q_i C_i^m \leq C^m \\ 0 \leq q_i \leq 1 \quad (\forall i) \end{cases} \tag{6-9}$$

控制对手理性程度的参数不能精准地确定。所以将 λ 作为变量测试了 λ 对参与者的效用影响。在图 6-2 中,横坐标是攻击者的理性噪声因子 λ,纵坐标是参与者的效用。理性噪声的不同引起了效用变化。令 λ 从 0 开始以步长 0.5 增长到 15,发现 λ 增长超过 4 时,参与者的效用都趋于平稳,尤其是攻击者。可以得出结论:如果攻击者足够理性(较大的 λ),参与者的效用基本保持不变。因为理性

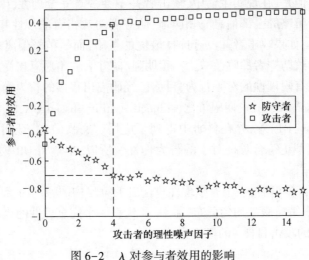

图 6-2 λ 对参与者效用的影响

行为因子不能完全确定,所以本章中没有特殊说明,在分析过程中为 λ 取值 1.5。

6.3 均衡策略求解算法

由于防守者的收益函数是一个非线性约束问题,因此很难找到最优解。作为搜索近似最优解的经典算法,遗传算法(genetic algorithm,GA)提供了一种可行方案。遗传算法是一种模拟自然生物进化过程的随机全局搜索和优化方法,但它不是全局最优解,而是全局近似最优解。因此,为了尽可能地找到全局最优解,本节通过设置不同的初始解迭代遗传算法,如算法 6-1 所示。

算法 6-1 迭代遗传算法

初始化:
目标数量 N,防护资源数量上限 M,防守收益 $Ud^* \rightarrow -\infty$
迭代:
当 i < times 迭代次数:
　　$(q_i, Ud_i) \leftarrow GA(\text{Multi\_Ob}_j, N, M)$
　　如果 $Ud_i > Ud^*$,则 $Ud^* = Ud_i, q^* = q_i$
返回:(q^*, Ud^*)

除了前面部分讨论的效用函数的参数外,迭代过程之前还初始化了目标数量、迭代次数和防护资源的数量。在每次迭代中,首先使用遗传算法找到局部最优策

略和相应的博弈收益;然后在每次迭代后记录当前最大值。当迭代次数达到给定最大值时,得到近似全局最优策略,并得到相应的收益。总的来说,随着迭代次数的增加,获得全局最优解的概率也会随之增加。

在本章的研究中考虑了需要配置高级的安全需求的系统,例如,一些政府机构通常需要有较高的攻击抵御能力,需要对不同的攻击有持续的抵抗能力。防守者需要布置具有高性能的强大处理能力的防御功能。这样,无论是防守还是攻击,行动成功的奖励、行动失败的惩罚和行动成本都会较高。

本章为了模拟攻防双方的行动,设置行动奖励和惩罚范围为 1~10,行动成本取值 0.1~0.4,为了凸显行动奖励或惩罚和成本之间的数值差距较大。本书随机选择防守行动的成本 $C_i^m \in [0.01, 0.02]$,攻击行动成本 $C_i^a \in [0.02, 0.03]$,攻击惩罚 $P_i^a \in [1.4, 1.6]$,攻击奖励 $P_i^m \in [0.4, 0.6]$。这些数字可以对应到实际的场景中,一个单位的防护资源最多可以保护 100 个目标,且一个单位攻击资源可以最多攻击 50 个目标。如果攻击失败了,攻击者会得到大约 1.4 的惩罚;如果保护失败了,防守者会得到大约 0.4 的惩罚。在这种情况下,攻击者可以看成一种攻击风险规避的参与者,以最小化风险损失为目的。

为了更深入地评估引入行动成本的收益函数,本节对比了四种常用的资源分配策略和一种均衡策略。

(1) 部分保护策略(Part Ones)。由于防护资源的数量有限,不能部署防护资源保护所有的目标;因此,安全中心不得不选择高优先级的目标配置防护资源展开深度分析,中低优先级的目标则忽略,这种策略简称部分保护策略。此策略的表示如下,防守者尽可能多选择一些重要的目标(假设 k 个)去保护,剩余的 $N-k$ 个目标不采取防守措施,防守概率分布为

$$q_i = \begin{cases} 1 & (i = 1, \cdots, k-1) \\ \dfrac{(M - \sum_{j=1}^{k-1} q_j \cdot C_j^m)}{C_i^m} & (q_j = 1, i = k) \\ 0 & (i = k+1, \cdots, n) \end{cases} \quad (6-10)$$

在这种策略中,M 个单位的资源被完全利用,可以解决防护资源数量有限的分配问题。

(2) 随机保护策略(Rand)。由于大量的异常行为中误报较多,所以,安全中心随机选择一部分目标配置防护资源展开深度分析,这种策略简称随机保护策略。此策略的表示如下,防守者根据服从随机分布的概率保护 N 个目标,即

$$q_i = \frac{\text{Rand}(q_i) \cdot M}{\sum_{j=1}^{n} \text{Rand}(q_j) \cdot C_j^m} \quad (i = 1, 2, \cdots, n) \tag{6-11}$$

在这种策略下,消耗的防护资源数量不大于 M,可以解决防护资源数量有限的分配问题。

(3) 平均保护策略(Average)。面对大量的异常行为,无法辨别真伪,安全中心为每个目标配置相同的防护资源展开分析,这种分配策略称为平均保护策略。此策略的表示如下,M 个防护资源以相同的概率分配到 N 个目标,防守者的策略分布为

$$q_i \cdot C_i^m = \frac{M}{n} \quad (i = 1, 2, \cdots, n) \tag{6-12}$$

在这种策略下,M 个防护资源被完全消耗,可以解决防护资源数量有限的分配问题。

(4) 全部保护策略(All Ones)。面对大量的异常行为,假设安全中心有足够的防护资源满足为所有的目标配置防护策略,此种策略称为全部保护策略(标记为 All Ones)。此策略的表示如下,防守者释放了防护资源的限制,用最大的力度保护所有的目标,即

$$q_i = 1 \quad (i = 1, 2, \cdots, n) \tag{6-13}$$

在这种策略下,消耗的防护资源数量大于 M。

(5) 博弈均衡策略(NE)。本书的博弈均衡策略,通过分析目标真伪的概率和处理该目标可能产生的奖励和惩罚后用算法 6-1 的迭代遗传算法计算得到最优的均衡策略(标记为 NE),即

$$q = \text{IGA}(U_M, n, M), \sum q_i C_i^m \leq M \tag{6-14}$$

此时,消耗的防护资源数量不大于 M,可以解决防护资源数量有限的分配问题。

1. 脆弱性分析

从图 6-3 中可以看出全部保护策略的脆弱性指数为 -1,这表示 success 值为 0,即攻击均未成功。在这种解决方案下,防守者的防护资源覆盖了所有需要保护的目标,系统是最安全的。当目标数量 N 较小时,均衡策略可以实现最安全的状态;随着 N 的增长,由于可用的防护资源数量有限难以保护所有的目标,脆弱性不断增长。当目标数量超过 400 时,均衡策略的脆弱性指标基本持平,不再变化。这些分析说明均衡策略可以保护大量目标。而且,与部分保护策略、随机保护策略和

平均保护策略相比,随着防护资源的缺少,不能处理的目标越来越多时,均衡策略仍然是其中表现最好的。本章的博弈模型允许灵活地控制收益和防护资源成本之间的折中情况,并且能够找出分配策略需要重点保护的易受攻击的目标对象。所以,在评价脆弱性指标时,均衡策略要比除全部保护策略外的其他策略更好。

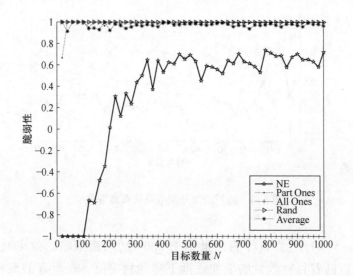

图 6-3 (见彩图)防护资源分配策略的脆弱性分析

2. 覆盖率分析

图 6-4 显示了 100 组实验的 5 种分配策略对应的覆盖率结果。全部保护策略处理所有目标,而均衡策略覆盖的目标数量几乎是最少的,因为均衡策略只保护对攻击者有吸引力的危险目标。因此,均衡策略处理的目标数量比其他策略要少。这种策略虽然不能保证系统的绝对安全,但是,它有助于节省资源并且提高这些资源的使用效率,特别是在资源有限的情况下。

3. 有效性分析

资源利用的有效性越大,说明分配策略的资源利用率越高。随机选择 100 组实验实例,图 6-5(a)绘制了每个策略消耗的防护资源量。值得注意的是,全部保护策略消耗的资源最多,均衡策略消耗的资源最少。部分保护策略和平均保护策略消耗的防护资源是相等的,因为这两种策略耗尽了所有可用的资源。当目标的数量增加到 1000 时,全部保护策略消耗的资源量接近均衡策略消耗的资源量的 4 倍。如果将这些数值对应到现实世界中,它们也从侧面表示了防守者必须花费的物质或金钱成本,也是一笔不容小觑的花销。因此,本章的均衡策略旨在保护系统安全的同时,提供高有效性的资源分配策略。

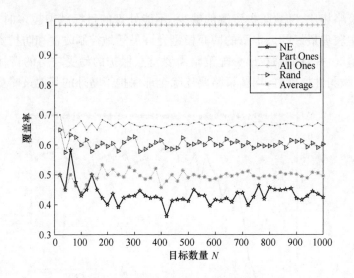

图 6-4　防护资源分配策略的覆盖率分析

在图 6-5(b)中,当目标的数量小于 200 时,均衡策略的效率有明显的上升趋势,然后随着目标数量的增加逐渐下降到稳定值。在所有的五种策略中,均衡策略的有效性最高。实验结果表明,目标数量的增加并未影响分配策略的有效性。整体来看,虽然全部保护策略覆盖的目标最多,但由于消耗的防护资源较多导致其效率比均衡策略低。并且,全部保护策略可能会覆盖一些无真实攻击的目标,即虚假目标,这可能会徒增防护资源的耗费,从而降低防守者的总体收益。

4. 综合分析

为了评估不同的分配策略的脆弱性、覆盖率、有效性和目标数量的相互影响关系,本节通过图 6-6 综合分析。图 6-6(a)中展示了目标数量、覆盖率和脆弱性三个指标的变化,图 6-6(b)中展示了目标数量、有效性和脆弱性三个指标的变化。可以得出结论,想要保证分配策略的脆弱性低,有必要提升分析的目标数量。如果防守者单纯地提高处理的目标数量,则需要更多资源。以全部保护策略为例,该策略的脆弱性接近零,处理的目标数量最大,但由于资源消耗量大导致每个防护资源覆盖真实目标的数量较低。在这种情况下,为了提升系统的安全性,基于均衡策略的模型恰好能够平衡收益和防护资源消耗。所以,均衡策略可以作为防守者有效利用有限资源的最佳选择。

5. 博弈演化分析

为了更好地理解均衡博弈策略,本章采用复制者动力学的相关平面原理

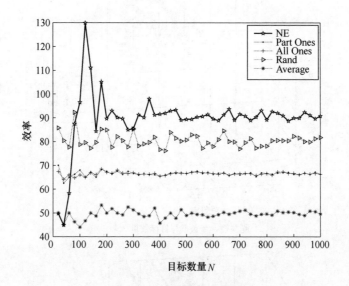

(a) 分配策略消耗的防护资源量

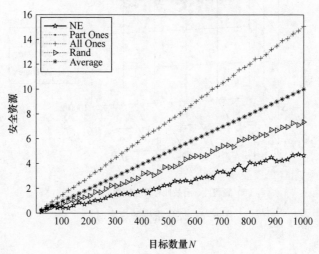

(b) 分配策略的资源利用效率

图 6-5 防护资源分配策略的有效性对比

来阐述初始化的防守策略向均衡状态时的防守策略演化的过程[160]。将防守者和攻击者的收益简化,如表 6-4 所列,攻击者和防守者的复制动态方程表示为

129

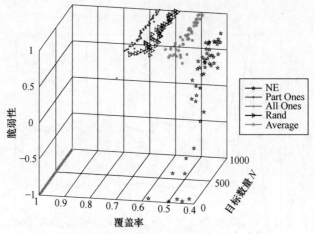

（a）脆弱性、覆盖率与目标数量

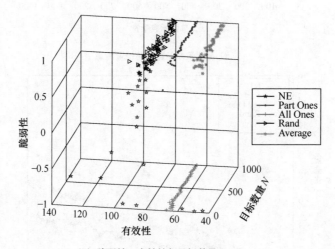

（b）脆弱性、有效性与目标数量

图 6-6　评估指标的综合对比

表 6-4　目标 i 上的操作回报简化表示

攻击	防守 q	不防守 $1-q$
攻击（p）	a,b	c,d
不攻击（$1-p$）	$0,f$	$0,0$

$$\begin{cases} \dot{p} = p \cdot (U_A - \overline{U_A}) = p \cdot (1-p) \cdot [q \cdot a + (1-q) \cdot c] \\ \dot{q} = q \cdot (U_M - \overline{U_M}) = q \cdot (1-q) \cdot [p \cdot (b-d) + (1-p) \cdot f] \end{cases} \quad (6-15)$$

式中：$\overline{U_A}$和$\overline{U_M}$代表平均收益。通过求解下列方程$\dot{p}=0$和$\dot{q}=0$可得到进化后的均衡状态。

图 6-7 显示了防守策略从初始解向博弈均衡解进化的过程，这可以看作初始策略通过逐步的博弈交互而逐步向纳什均衡策略适应的过程。围绕均衡点 (0.0123,0.2851) 的最小圆形闭环区域对应该解决方案的整个可行区域。

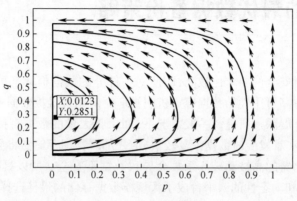

图 6-7 均衡演化进程

6.4 分析讨论

本章介绍了当用于保护目标的防护资源数量匮乏时，如何优化配置有限的防护资源维护系统安全的研究流程和应用分析。在 Stackelberg 博弈的基础上，建立了一个博弈论资源分配模型，模型中考虑了博弈双方的行动成本，并分析了其对双方行动的影响，然后提出了迭代的遗传算法，用来计算博弈均衡解，并将其作为最终的防护资源分配策略。实验与分析表明，基于博弈均衡解得到的分配策略可以提高资源的利用率和有效性，更好地平衡了系统安全和资源消耗之间的关系。所以，本章提出的博弈论模型为有限资源分配的相关问题提供了建议，并且可以帮助网络管理者通过确定适当的资源数量来保护大量的目标。

第7章
云容灾的最优数据备份策略

数据存储对安全的要求比较高,即使一小部分的数据损坏都可能造成极大的损失;因此,具有高可用性的数据容灾机制被广泛地用来维护数据安全。本章主要针对数据容灾开展深入研究。一般情况下,如果将大量的数据直接存储在本地的物理存储器上,灾难发生时数据恢复较快,但是部署物理存储器将会产生大量的花费并且物理存储器的高被动破坏系数会导致数据不安全。所以具有低成本、pay-as-you-go 模式和动态性的云平台成了大规模数据存储的最佳选择。

多云容灾[161]是一种基于多个云节点的灾难恢复服务。在数据备份阶段,源端云提供商首先将数据存储到一个或多个备份节点;当灾难发生时,进入数据恢复阶段,容灾机制会从一个或多个目的云节点上选择一份正常完整的备份数据进行恢复。目前,在数据恢复阶段关于数据副本选择策略的研究较多,而在数据备份阶段关于数据备份节点选择策略的研究较少,所以本书的研究重心在数据备份阶段;并且,数据备份的源端和目的端的决策会相互影响,所以本章利用博弈架构来分析双方的策略互动。下面从场景模型、博弈收益、博弈均衡和分析讨论四个方面分别开展论述。

7.1 云容灾场景模型

为了确保数据的安全性和完整性,在数据备份阶段,通常会利用数据冗余技术存储至少两个数据备份,并分别存储在位于不同地理位置的云节点。如图 7-1 所示,假设备份过程中产生两个数据副本,本章考虑这样一个场景:第一步,客户将数据复制到多个相互独立的云提供商 $SCP_i(i \in \{1,2,\cdots,n\})$ 下的存储节点 $S_i(i \in \{1,2,\cdots,n\})$,称为备份的源节点;第二步,所有的源端云提供商把数据复制到与其独立的、另一个较大的提供容灾服务的目的端云提供商 DCP 下的 m 个备份节点 $D_j(j \in \{1,2,\cdots,m\})$。本章的研究重心在第二步:首先,目的端云提供商 DCP 根据不同 QoS 需求、数据敏感度等条件提供 m 种不同级别的存储服务,并向源端云

提供商声明自己的 m 种存储资源价格；然后，源端云提供商 SCP_i ($i \in \{1,2,\cdots,n\}$) 接收到 m 种存储资源价格后计划对每种存储资源的租用需求量，并向目的端云提供商发送自己的租用需求；最后，目的端云提供商会根据 m 个目的节点上收到的存储资源数量请求利用奖励机制调整下一回合的存储资源价格；源端云提供商和目的端提供商重复多次博弈，直到最终二者的效用均达到最大，不再变换策略时，博弈终止。

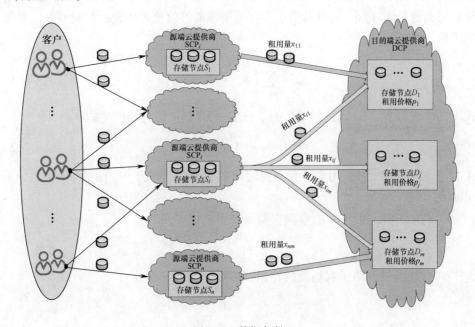

图 7-1 数据备份

7.2 攻防博弈收益

本书将上述备份的源端云提供商 SCP_i 和目的端云提供商 DCP 之间的交互过程模拟为 Stackelberg 博弈。

1. 参与者

参与者是多个源端云提供商 SCP_i 和目的端云提供商 DCP，故称为多对一的 Stackelberg 博弈。

2. 策略

首先，DCP 制定关于每个目的节点 D_j 上的存储资源价格 p_j 的策略；然后，SCP_i 的源端节点 S_i 根据资源价格 p_j 决定在 D_j 上租用的存储资源数量 x_{ij}。在存储资源的租用过程引入奖励机制,即存储资源价格 p_j 越低,存储资源租用数量 x_{ij} 就越大;反之,存储资源价格 p_j 越高,存储资源租用数量 x_{ij} 就越小。博弈双方在租用存储资源的过程中都以最大化各自的效用为目标不断地调整各自的策略。

3. 效用函数

由于博弈参与者都是自私理性的,每个参与者都会做出使自己效用最大的决策。对 SCP_i 来说,期望在 m 个目的节点 D_j 上租用存储资源时的成本 C_{ij} 低,维持负载均衡的花销 N_{ij} 小,同时希望这些存储资源能够给他产生较大的利益 B_{ij},其效用函数为

$$U_{CP_i} = \sum_{j=1}^{m} (B_{ij} - C_{ij} - N_{ij}) \tag{7-1}$$

式中:B_{ij} 为源节点 S_i 通过租用目的节点 D_j 的存储资源可能产生的利益,即

$$B_{ij} = b_i \cdot (1 + x_{ij})^{1/t_j} \tag{7-2}$$

式中:b_i 为一个正参数,用来区分不同的 SCP_i;t_j 为一个大于 1 的正数,用来区分不同的 D_j。

C_{ij} 代表 SCP_i 租用 D_j 的存储资源所花费的成本,即

$$C_{ij} = p_j \cdot x_{ij} \tag{7-3}$$

N_{ij} 代表维持网络负载均衡的花销,即

$$N_{ij} = \frac{d}{L_j - \sum_{i=1}^{n} x_{ij}} \tag{7-4}$$

式中:d 为一个正参数;L_j 为目的节点 D_j 上的最大负载。

将式(7-1)中的 B_{ij}、C_{ij}、N_{ij} 分别用式(7-2)、式(7-3)和式(7-4)替换,可得

$$U_{SCP_i} = \sum_{j=1}^{m} \left(b_i \cdot (1 + x_{ij})^{1/t_j} - p_j \cdot x_{ij} - \frac{d}{L_j - \sum_{i=1}^{n} x_{ij}} \right) \tag{7-5}$$

式(7-5)为 SCP_i 的效用函数,其目的就是最大化 U_{SCP_i}。

本书对博弈双方的效用值,即博弈收益开展实验分析。为模拟多对一的博弈场景,设定源端云提供商的数量 $n = 5$,目的端云提供商的存储节点数量 $m = 3$。当源端云提供商 SCP_i 接收到目的端云提供商声明的存储资源价格策略 $p' = (p_1, p_2, p_3)$ 时,对三个目的节点上的存储资源需求量,如图 7-2 所示。这里,每个源节点对存储资源的需求量均从 0 开始迭代 500 次。

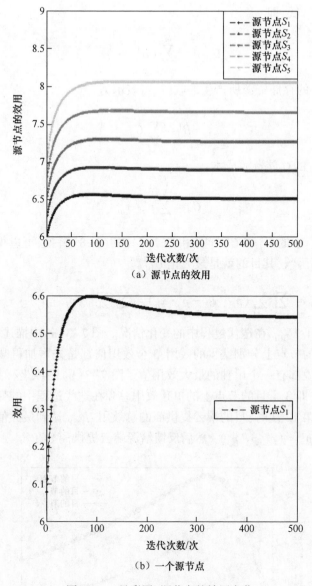

图 7-2 （见彩图）源节点的效用变化

从图 7-2(a) 中可以看出, $SCP_i(i=1,2,\cdots,5)$ 的效用在迭代过程中有着相同的变化趋势,将源节点 S_1 的效用在迭代过程中的变化情况放大后可以更清晰地观测到变化趋势,如图 7-2(b) 所示,可见随着迭代次数的增长,源节点的效用先增加到峰值再缓慢地下降直到接近稳定,故每个源节点都可以通过迭代找到满足各自效用最大的最优存储资源需求量。

对于 DCP 来说,期望 m 个 D_j 获得的租用利益 B_j' 高,存储资源成本 C_j'（维护成

本,电力损耗等)低,即

$$U_{DCP} = \sum_{j=1}^{m}(B'_j - C'_j) \quad (7-6)$$

式中：B'_j 为 D_j 的存储资源所产生的收益,可表示为

$$B'_j = \sum_{i=1}^{n} C_{ij} \quad (7-7)$$

C'_j 就是 D_j 的存储资源成本：

$$C'_j = \sum_{i=1}^{n} p'_j \cdot x_{ij} \quad (7-8)$$

将式(7-6)中的 B'_j 和 C'_j 分别用式(7-7)、式(7-8)替换,可以得到式(7-9),即 DCP 的效用函数,其目的就是最大化 U_{DCP}。

$$U_{DCP} = \sum_{j=1}^{m}\sum_{i=1}^{n}(p_j \cdot x_{ij} - p'_j \cdot x_{ij}) = \sum_{j=1}^{m}\sum_{i=1}^{n}[(p_j - p'_j) \cdot x_{ij}] \quad (7-9)$$

本章描述了 U_{DCP} 在迭代过程中的变化情况。图 7-3(a)中描述了目的端云提供商在 3 个目的节点上分别获得的效用,3 个效用值都是先增加再减少,可见对每个目的节点来说都有一个单独的最大效用值。图 7-3(b)的纵坐标是目的端云提供商的总效用,即 3 个目的节点上的单独效用总和在迭代过程中的变化趋势；可以发现当迭代到第 12 次时,目的端云提供商的总效用 U_{DCP} 达到最大值,记录此时的存储资源价格 $\boldsymbol{p}' = (p_1, p_2, p_3)$,然后反馈给源端云提供商 SCP_i。

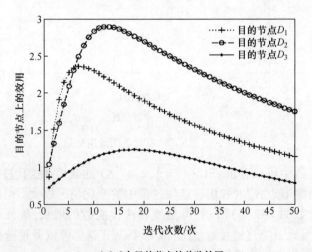

(a) 3个目的节点的单独效用

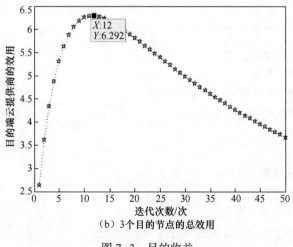

(b) 3个目的节点的总效用

图 7-3 目的收益

7.3 博弈均衡

为了寻求均衡的博弈策略,采用了算法 7-1 所示的迭代算法。

在 τ_1 次迭代,DCP 声明 m 个目的节点 D_j 上的存储资源价格 p_j,SCP_i 根据式(7-10)不断地调整存储资源租用量 x_{ij}。

$$x_{ij}(\tau + \tau_0) = x_{ij}(\tau) + \delta \cdot \left(\frac{\partial U_{SCP_i}}{\partial x_{ij}} \right) \quad (7\text{-}10)$$

$$\frac{\partial U_{SCP_i}}{\partial x_{ij}} = \frac{b_i}{t_j} \cdot (1 + x_{ij})^{\frac{1}{t_j}-1} - p_j - \frac{d}{\left(L_j - \sum_{i=1}^{n} x_{ij}\right)^2} \quad (7\text{-}11)$$

这里,$\delta > 0$,表示 SCP_i 申请的存储资源数量在迭代调整过程中的步长因子。重复式(7-10)的操作,直到 U_{SCP_i} 达到最大,记录 x_{ij},并反馈给 DCP。D_j 接收 SCP_i 的存储资源租用量请求,再按照下式迭代调整存储资源的租用价格 p_j,即

$$p_j(t+1) = p_j(t) + \theta \cdot \left(\frac{\partial U_{DCP}}{\partial p_j} \right) \quad (7\text{-}12)$$

$$\frac{\partial U_{DCP}}{\partial p_j} = \sum_{i=1}^{n} x_{ij} \quad (7\text{-}13)$$

这里,$\theta > 0$,表示存储资源价格 p_j 迭代过程中的步长因子。重复式(7-12)直到 U_{DCP} 达到最大,记录 p_j,并告知 SCP_i。SCP_i 和 DCP 重复上述过程直到最后双方的收益均达到最大,无法再通过调整自己的策略增大收益时,停止博弈。

算法 7-1　迭代算法

初始化：
　　　源端云提供商数 n；
　　　目的节点数 m；
源端云提供商的资源租用数量 $x_{ij} = \text{zeros}(m,n)$；
目的节点资源价格 p_j, $j = 1,2,\cdots,m$；
迭代次数 $\tau_1 = 0$；

迭代：
　　当 p_j 不满足最大化 U_{DCP}, $j = 1,2,\cdots,m$ 时
　　　　迭代次数 $\tau_2 = 0$；
　　当 x_{ij} 不满足最大化 U_{SCP_i}, $i = 1,2,\cdots,n$ 时
　　　　通过式(7-10)和式(7-11)调整资源数量；
　　　$\tau_2 = \tau_2 + 1$；
　　　结束 x_{ij} 迭代；
　　通过式(7-12)和式(7-13)调整资源价格；
　　　$\tau_1 = \tau_1 + 1$；
　　　结束 p_j 迭代；
结束

基于上述的分析，利用迭代算法可以获得参与者的均衡策略，为博弈双方带来最大的博弈收益。$\text{DCP}(p^*)$，$p^* = (p_j, j \in \{1,2,\cdots,m\})$ 和 $\text{SCP}_i(x_{ij}^*)$，$i \in \{1,2,\cdots,n\}$ 为最终的纳什均衡。

图 7-4 展示了目的节点和源节点的均衡解。首先，记录了目的端云提供商 DCP 调整三个目的节点上的存储资源价格的变化情况，如图 7-4（a）所示；然后记录了所有源端云提供商对三种目的节点上的资源需求量的迭代次数变化情况，其中，SCP_1 的存储资源需求量变化情况如图 7-4(b) 所示。

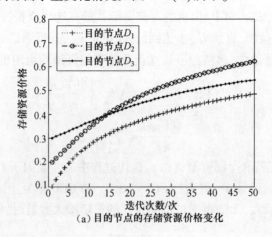

(a) 目的节点的存储资源价格变化

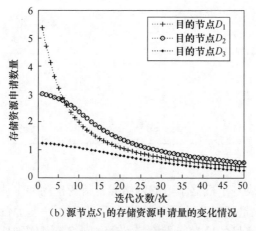

(b)源节点S_1的存储资源申请量的变化情况

图 7-4 博弈双方策略变化

从图 7-4 中可以看出,随着迭代次数的增加,DCP 逐渐增大目的节点上的存储资源价格,SCP_1 逐渐降低存储资源需求量。综合对比可以得出,随着存储资源价格上升,资源需求量逐渐下降;同样当存储资源价格下降时,资源需求量会呈现上升的趋势;这正符合了资源定价过程中的奖励机制。所以在实际情况下,云提供商会倾向于将存储资源价格制定得比理论最优值稍微低一些,以此来激励客户租用更多的存储资源,进而提高总收益。

7.4 分析讨论

数据容灾作为提高数据可用性的重要技术,已经被广泛地应用在云计算环境中。在数据备份阶段,当云提供商需要租用存储资源放置数据备份时,如何分配位于不同地理位置的云容灾服务商上的存储资源租用量才能保证其效用最大,并且云容灾服务商如何调整存储资源的租用改价格才能保证其效用最大已成为学者关注的焦点问题。本章把数据备份模拟成两阶段的数据存储过程:第一步,客户租用相互独立的多个具有容灾服务的云提供商的存储资源存储数据;第二步,多个云提供商再租用一个大的具有容灾服务的云提供商的存储资源存储数据,这样可以保证客户的原始数据在两个不同的云容灾服务提供商都有备份。本章首先将第二步多个云提供商和一个大的云提供商之间的存储资源租赁过程抽象成了基于博弈论的存储资源定价问题;然后分析了 Stackelberg 博弈模型的纳什均衡策略;最后提出了一个迭代算法来寻求本章的博弈模型的纳什均衡解,通过数值分析,得出结论在数据备份过程中,博弈均衡解可以为数据备份的源端云提供商和目的端云提供商带来最大效用。

第8章
总　结

本书立足于解决基于机器学习的网络异常行为检测和主动网络安全防御技术面临的挑战，基于大量的实验验证和总结分析，取得了一些原创性的成果。

（1）基于网络流量的异常行为检测方法。网络流量详细地记录了用户的上网行为，对网络流量的深入分析有助于网络安全中心精准地识别和检测出异常行为。原始的网络流量数据包无法直接用于自动化分析，所以对网络流量数据包的加工和处理是基于网络流量开展后续安全分析的关键步骤。本书首先介绍了四种常用的网络流量表征方法；随后，介绍了基于网络流量特征的空域知识和频域知识的两种异常检测应用；其次，介绍了针对罕见攻击的数据增强方案和后续的异常检测应用；最后，在真实系统中收集到的网络流量数据上开展了相关的实验验证和数值分析。

（2）基于网络日志的异常序列检测方法。网络日志是《中华人民共和国网络安全法》要求必须留存的网络数据之一，详细记录了用户在系统、应用和网络上的操作行为，为复杂攻击序列的分析和溯源提供了数据依据。原始的网络日志是一种典型的非结构化文本数据，相比网络数据包，网络日志为网络安全分析员提供了相对直观的理解，但是，依然无法直接作为自动化分析模型的输入数据。本书首先介绍了一种日志解析方法，对日志处理后得到日志模板；然后，介绍了基于日志模板提取语义特征和分布特征；其次，介绍了基于日志特征开展的异常序列检测相关的应用；最后，在真实的日志数据上开展了实验验证和数值分析。

（3）网络安全防御关键技术。本书从发现攻击后的安全响应策略、有限安全资源的优化利用和数据的容灾备份应用三个场景展开研究和介绍。

① 云计算或网络中心为了保障网络安全，会通过监控虚拟机或者网络节点上的上网行为，进而分析制定安全防御措施，但是网络攻击行为多样，如何优化利用多种安全防御策略、及时响应发现的异常和攻击行为仍具挑战。所以，本书从攻击行为多样性分析角度出发，针对如何精准响应不同的攻击行为问题，研究了面向不同攻击行为建模、攻击行为响应建模，提出了一种基于博弈论的多目标优化响应方法。该方法首先从行为理性角度对不同的攻击行为建模，并利用非合作博弈模型

模拟攻防交互过程,最终将攻击响应策略制定问题模拟为多目标优化问题。该方法不仅考虑了攻击行为多样,还考虑了攻击行为的理性程度,为人机交互的安全防御提供了攻击者意图分析的参考依据。

② 受限于网络安全的防护资源匮乏导致网络中心无法对所有的网络目标(虚拟机,虚拟服务,网站等)配置防护策略来抵抗网络异常行为,本书从防护资源的优化分配角度出发,针对如何最大化有限防护资源收益的问题,研究了攻击行为分析及攻防交互的建模问题,提出了一种基于博弈论的防护资源优化配置方法。该方法从收益角度对网络异常行为的攻防收益、攻防成本、防护资源消耗等因素量化,利用 Stackelberg 博弈对网络攻击和网络防护资源分配过程进行建模,最终通过优化利用有限的防护资源为安全中心部署防护资源提供建议,提升网络安全。基于博弈的均衡策略为防护资源的优化配置提供了理论参考,为不同场景下有限防护资源的优化利用提供了一种数学分析依据。

③ 网络运行必然会产生相关的数据,所以保障网络安全的同时,保障数据安全在大数据时代占据重要地位,本书分析了云计算场景下的数据容灾策略,虽然,云计算提升了存储的弹性和灵活性,但是如何在数据存储过程中优化数据效用依然具有实际的研究意义。本书从存储数据租赁的角度出发,针对如何最大化存储收益的问题,研究了数据容灾过程的数据租赁收益建模,提出了一种基于博弈论的资源租赁方法。该方法从数据资源提供方和租赁房分别建立收益函数,模拟双方的竞价过程,并建立优化模型,最终通过纳什均衡策略为双方提供最优的数据资源租赁和定价方案,为多方参与者的资源供求场景提供了理论参考。

随着时代的进步和科技飞速发展,网络安全已成为网络进步的重要基石,网络安全问题也越来越受到人们的重视。本书探索了网络安全的部分关键技术,但是面对日益复杂和多样化的网络环境,如何提升网络安全关键技术的有效性和鲁棒性仍需继续深入研究和突破。

参考文献

[1] 屈蕾蕾,等.涌现视角下的网络空间安全挑战[J].计算机研究与发展,2020,57(4):803-823.

[2] 中国互联网络信息中心(CNNIC).第47次《中国互联网络发展状况统计报告》[R].http://www.cnnic.net.cn,2021.

[3] 国家互联网应急中心CNCERT.《2020年我国互联网网络安全态势综述》[R].2021.

[4] Nash J F. Equilibrium points in n-person games[J]. Proc. Nat. Acad. Sci. USA. 1950, 36(1):48-49.

[5] Nash J. Non-cooperative games[J]. Annals of Mathematics. 1951:286-295.

[6] PARUCHURI P, TAMBE M, ORDÓÑEZ F, et al. Security in multiagent systems by policy randomization[C]. Proceedings of the fifth international joint conference on Autonomous agents and multiagent systems. Japan:ACM,2006.

[7] AHMED M, MAHMOOD A N,Islam M R. A survey of anomaly detection techniques in financial domain[J]. Future Generation Computer Systems, 2016,55:278-288.

[8] 任家东,等.基于KNN离群点检测和随机森林的多层入侵检测方法[J].计算机研究与发展,2019,56(3):566-575.

[9] MOUSTAFA N, Hu J, Slay J. A holistic review of network anomaly detection systems:a comprehensive survey [J]. Journal of Network and Computer Applications, 2019,128:33-55.

[10] LIMA FILHO F S D, et al. Smart detection:an online approach for DoS/DDoS attack detection using machine learning[J]. Security and Communication Networks, 2019.

[11] GASTI P, et al. DoS and DDoS in named data networking[C]. 22nd International Conference on Computer Communication and Networks (ICCCN). 2013.

[12] HONDA S, et al. TOPASE:Detection of brute force attacks used disciplined IPs from IDS log [C]. IFIP/IEEE International Symposium on Integrated Network Management (IM). 2015.

[13] HUANG H. Asymptotic behavior of support vector machine for spiked population model[J]. Journal of Machine Learning Research, 2017,18(45):1-21.

[14] JI Y, ZHANG X, WANG T. Backdoor attacks against learning systems. IEEE Conference on Communications and Network Security (CNS)[C]. 2017:1-9.

[15] The acsc threat report[R]. http://www.acac.gov.au/publications/.

[16] AHMED M,MAHMOOD A N, and HU J. A survey of network anomaly detection techniques

[J]. Journal of Network and Computer Applications, 2016,60:19-31.
[17] M. D,LI F F. Spell: Online streaming parsing of large unstructured system logs[J]. IEEE Transactions on Knowledge and Data Engineering, 2018, 31(11): 2213-2227.
[18] HE P J, et al. Drain:an online log parsing approach with fixed depth tree[C]. 2017 IEEE International Conference on Web Services (ICWS). IEEE, 2017: 33-40.
[19] TANG L,LI T,PERNG C S. LogSig:generating system events from raw textual logs[C]. Proceedings of the 20th ACM international Conference on Information and Knowledge Management, 2011: 785-794.
[20] WURZENBERGER M,LANDAUER M,SKOPIK F, et al. Aecid-pg: A tree-based log parser generator to enable log analysis[C]. 2019 IFIP/IEEE Symposium on Integrated Network and Service Management (IM). IEEE, 2019: 7-12.
[21] MAKANJU A,ZINCIR-HEYWOOD A N,EVANGELOS E. MILIOS. A lightweight algorithm for message type extraction in system application logs[J]. IEEE Transactions on Knowledge and Data Engineering, 2011, 24(11): 1921-1936.
[22] MIZUTANI M. Incremental mining of system log format [C]. 2013 IEEE International Conference on Services Computing. IEEE, 2013: 595-602.
[23] MESSAOUDI S,PANICHELLA A,BIANCULLI D, et al. A search-based approach for accurate identification of log message formats[C]. Conference,2018:167-177.
[24] VAARANDI R,PIHELGAS M. Logcluster-a data clustering and pattern mining algorithm for event logs [C]. 2015 11th International Conference on Network and Service Management (CNSM)[C]. IEEE, 2015: 1-7.
[25] XU W, et al. Detecting large-scale system problems by mining console logs[C]. Proceedings of the ACM SIGOPS 22nd symposium on Operating systems principles. 2009: 117-132.
[26] VAARANDI R. A data clustering algorithm for mining patterns from event logs[C]. Proceedings of the 3rd IEEE Workshop on IP Operations & Management (IPOM 2003)(IEEE Cat. No. 03EX764). IEEE, 2003: 119-126.
[27] JIANG Z M, et al. An automated approach for abstracting execution logs to execution events[J]. Journal of Software Maintenance and Evolution: Research and Practice, 2008, 20(4): 249-267.
[28] XU W, et al. Online system problem detection by mining patterns of console logs. Ninth IEEE International Conference on Data Mining[C]. IEEE, 2009: 588-597.
[29] LOU J G, et al. Mining invariants from console logs for system problem detection[C]. USENIX Annual Technical Conference. 2010: 1-14.
[30] WANG J, et al. LogEvent2vec : LogEvent-to-vector based anomaly detection for large-scale logs in internet of things[J]. Sensors (Basel, Switzerland), 2020,20(9).
[31] YEN S,MOH M,MOH T S Causal ConvLSTM: Semi-supervised log anomaly detection through sequence modeling [C]. International conference on Machine learing and Applications (ICMLA). 2019: 1334-1341.

[32] CHURCH K W. Word2Vec[J]. Natural Language Engineering, 2017,23(1):155-162.

[33] L E Q,MIKOLOV T. Distributed representations of sentences and documents. Proceedings of the 31st International Conference on International Conference on Machine Learning[C]. 2014: 188-1196.

[34] YUAN Y, et al. Learning-based anomaly cause tracing with synthetic analysis of logs from multiple cloud service components. IEEE 43rd Annual Computer Software and Applications Conference (COMPSAC)[C]. 2019: 66-71.

[35] JOULIN A, et al. Fasttext. zip:compressing text classification models[J]. arXiv preprint arXiv: 1612. 03651,2016.

[36] PENNINGTON J,SOCHER R,MANNING C. Glove: global vectors for word representation. Conference on Empirical Methods in Natural Language Processing[C]. 2014: 1532-1543.

[37] DEVLIN J, et al. BERT: Pre-training of deep bidirectional transformers for language understanding[J]. arXiv preprint arXiv:1810. 04805, 2019,4171-4186.

[38] ZHANG X, et al. Robust log-based anomaly detection on unstable log data. Proceedings of the 27th ACM Joint Meeting on European Software Engineering Conference and Symposium on the Foundations of Software Engineering[C]. 2019: 807-817.

[39] LIU X,TONG Y,XU A,et al. Using language models to pre-train features for optimizing information technology operations management tasks. ICSOC 2020 Workshop on Artificial Intelligence for IT Operations[C]. 2020,12:150-161.

[40] YANG R, et al. An online log template extraction method based on hierarchical clustering[J]. EURASIP Journal on Wireless Communications and Networking,2019(1):135.

[41] YOU L, et al. A deep learning-based RNNs model for automatic security audit of short messages. 16th International Symposium on Communications and Information Technologies (ISCIT) [C]. 2016: 225-229.

[42] MENG W, et al. , A semantic-aware representation framework for online log analysis[C]. 29th International Conference on Computer Communications and Networks(ICCCN). 2020: 1-7.

[43] MENG W, et al. Loganomaly:unsupervised detection of sequential and quantitative anomalies in unstructured logs. Proceedings of the Twenty-Eighth International Joint Conference on Artificial Intelligence, IJCAI-19. International Joint Conferences on Artificial Intelligence Organization [C]. 2019: 4739-4745.

[44] CHEN R, et al. LogTransfer:cross-system log anomaly detection for software systems with transfer learning. IEEE 31st International Symposium on Software Reliability Engineering (ISSRE) [C]. 2020: 37-47.

[45] ERXUE M, et al. TR-IDS: Anomaly-based intrusion detection through text-convolutional neural network and random forest[J]. Security & Communication Networks, 2018:1-9.

[46] ACETO G, et al. Mobile encrypted traffic classification using deep learning: experimental evaluation, lessons learned, and challenges[J]. IEEE Transactions on Network and Service Management, 2019,16(2):445-458.

[47] LIU H, et al. CNN and RNN based payload classification methods for attack detection[J]. Knowledge-Based Systems, 2019,163:332-341.

[48] VINAYAKUMAR R, SOMAN K, POORNACHANDRAN P. Applying convolutional neural network for network intrusion detection. International Conference on Advances in Computing, Communications and Informatics (ICACCI)[C]. IEEE, 2017: 1222-1228.

[49] BLANCO R, et al. Multiclass network attack classifier using cnn tuned with genetic algorithms. 28th International Symposium on Power and Timing Modeling, Optimization and Simulation (PATMOS)[C]. IEEE, 2018: 177-182.

[50] KIM Y, et al. Shapelets-based intrusion detection for protection traffic flooding attacks. International Conference on Database Systems for Advanced Applications[C]. Springer, 2018: 227-238.

[51] NSUNZA W W,TETTEH A Q R,HEI X. Accelerating a secure programmable edge network system for smart classroom. IEEE SmartWorld, Ubiquitous Intelligence & Computing, Advanced & Trusted Computing, Scalable Computing & Communications, Cloud & Big Data Computing, Internet of People and Smart City Innovation [C]. IEEE, 2018: 1384-1389.

[52] CHOEIKIWONG T,VATEEKUL P, Software defect prediction in imbalanced data sets using unbiased support vector machine, Information Science and Applications [M]. Springer, 2015: 923-931.

[53] CHAWLA N V, et al. SMOTE: synthetic minority over-sampling technique[J]. Journal of artificial intelligence research, 2002,16:321-357.

[54] HAN H,WANG W Y,MAO B H. Borderline-SMOTE: a new over-sampling method in imbalanced data sets learning. International Conference on Intelligent Computing (ICIC)[C]. Berlin, Heidelberg: Springer Berlin Heidelberg, 2005: 878-887.

[55] WANG G, et al. Deep additive least squares support vector machines for classification with model transfer[J]. IEEE Transactions on Systems, Man, and Cybernetics: Systems, 2017,49(7): 1527-1540.

[56] HAIBO H, et al. ADASYN: adaptive synthetic sampling approach for imbalanced learning. IEEE International Joint Conference on Neural Networks (IEEE World Congress on Computational Intelligence)[C]. 2008: 1322-1328.

[57] GOODFELLOW I J, et al. Generative adversarial nets. Proceedings of the 27th International Conference on Neural Information Processing Systems-Volume 2[C]. Montreal, Canada: MIT Press, 2014: 2672-2680.

[58] ZHANG D,NIU Q,QIU X. Detecting anomalies in communication packet streams based on generative adversarial networks. International Conference on Wireless Algorithms, Systems, and Applications[C]. Springer, 2019: 470-481.

[59] SUN D, et al. Could we beat a new mimicking attack? 19th Asia-Pacific Network Operations and Management Symposium (APNOMS)[C]. IEEE, 2017: 247-250.

[60] SARDARI S,EFTEKHARI M,AFSARI F. Hesitant fuzzy decision tree approach for highly im-

balanced data classification[J]. Applied Soft Computing, 2017,61:727-74.

[61] TAHIR M A, et al. A multiple expert approach to the class imbalance problem using inverse random under sampling. International Workshop on Multiple Classifier Systems (MCS)[C]. Berlin, Heidelberg: Springer Berlin Heidelberg, 2009: 82-91.

[62] ZHOU L. Performance of corporate bankruptcy prediction models on imbalanced dataset: the effect of sampling methods[J]. Knowledge-Based Systems, 2013,41:16-25.

[63] NAPIERALA K, STEFANOWSKI J. Addressing imbalanced data with argument based rule learning[J]. Expert Systems with Applications, 2015,42(24):9468-9481.

[64] YUN J, HA J, LEE J S. Automatic determination of neighborhood size in SMOTE. Proceedings of the 10th International Conference on Ubiquitous Information Management and Communication [C]. Danang, Viet Nam: Association for Computing Machinery, 2016: Article 100.

[65] NAPIERALA K, STEFANOWSKI J. Types of minority class examples and their influence on learning classifiers from imbalanced data[J]. Journal of Intelligent Information Systems, 2016, 46(3):563-597.

[66] LÓPEZ V, et al. An insight into classification with imbalanced data: empirical results and current trends on using data intrinsic characteristics[J]. Information Sciences, 2013,250:113-141.

[67] SUN Z, et al. A novel ensemble method for classifying imbalanced data[J]. Pattern Recognition, 2015,48(5):1623-1637.

[68] TIAN J, GU H, LIU W. Imbalanced classification using support vector machine ensemble[J]. Neural Computing and Applications, 2011,20(2):203-209.

[69] PHETLASY S, et al. A sequential classifiers combination method to reduce false negative for intrusion detection system[J]. IEICE Transactions on Information and Systems, 2019, 102(5): 888-897.

[70] HAWKINS D, Identification of outliers[M]. Monographs on Statistics and Applied Probability: Springer Netherlands, 1980: 188.

[71] 王振东,张林,李大海. 基于机器学习的物联网入侵检测系统综述[J]. 计算机工程与应用, 2021,57(4):18-27.

[72] FERNANDES G, et al. A comprehensive survey on network anomaly detection[J]. Telecommunication Systems, 2019,70(3):447-489.

[73] BUCZAK A L, GUVEN E. A survey of data mining and machine learning methods for cyber security intrusion detection[J]. IEEE Communications Surveys & Tutorials, 2016,18(2):1153-1176.

[74] NONG Y, QIANG C. An anomaly detection technique based on a chi-square statistic for detecting intrusions into information systems [J]. Quality & Reliability Engineering International, 2010,17(2):105-112.

[75] KRÜGEL C, TOTH T, KIRDA E. Service specific anomaly detection for network intrusion detection. Proceedings of the 2002 ACM symposium on Applied computing[C]. Madrid, Spain: Association for Computing Machinery, 2002: 201-208.

[76] THOTTAN M,JI C. Anomaly detection in IP networks[J]. IEEE TRANSACTIONS ON SIGNAL PROCESSING, 2003,51(8):2191-2204.

[77] LIU W, et al. A novel network intrusion detection algorithm based on fast fourier transformation. 2019 1st International Conference on Industrial Artificial Intelligence (IAI)[C]. IEEE, 2019: 1-6.

[78] KIM Y, et al. Shapelets-based intrusion detection for protection traffic flooding attacks. International Conference on Database Systems for Advanced Applications [C]. Springer, 2018: 227-238.

[79] ESKIN E, et al., A Geometric Framework for Unsupervised Anomaly Detection, Applications of Data Mining in Computer Security[M], D. Barbará and S. Jajodia, Editors. 2002, Springer US: Boston, MA:77-101.

[80] RAZA R A, et al. Fuzziness based semi-supervised learning approach for Intrusion Detection System[J]. Information Sciences, 2016,378.

[81] KAYACIK,H G et al. Selecting features for intrusion detection:A feature relevance analysis on KDD 99. Proceeding of the Third Annual Conference on Privacy,Security and Tiust(PST-2005) [C],2005.

[82] JÄCKLE D, et al. Temporal MDS plots for analysis of multivariate data[J]. IEEE Transactions on Visualization and Computer Graphics, 2016,22(1):141-150.

[83] JI S Y,JEONG B K,JEONG D H. Evaluating visualization approaches to detect abnormal activities in network traffic data[J]. International Journal of Information Security, 2020:1-15.

[84] LIANG Y,ZHANG Y,XIONG H,SAHOOR. Failure Prediction in IBM Blue Gene/L Event Logs. 7th International Confereace on Data Mining(ICDM). 2007:583-588.

[85] LI Z, et al. Intrusion detection using convolutional neural networks for representation learning. International Conference on Neural Information Processing[C]. Springer, 2017: 858-866.

[86] LIN S Z, SHI Y,XUE Z. Character-level intrusion detection based on convolutional neural networks. International Joint Conference on Neural Networks (IJCNN)[C]. IEEE, 2018: 1-8.

[87] DU M, et al. DeepLog: anomaly detection and diagnosis from system logs through deep learning. Proceedings of the 2017 ACM SIGSAC Conference on Computer and Communications Security[C]. ACM, 2017: 1285-1298.

[88] Wang M, Xu L, Guo L. Anomaly detection of system logs based on natural language processing and deep learning.2018 4th International Conference on Frontiers of Signal Processing (ICFSP) [C]. IEEE, 2018: 140-144.

[89] WU K, CHEN Z,LI W. A novel intrusion detection model for a massive network using convolutional neural networks[J]. IEEE Access, 2018,6:50850-50859.

[90] LEWIS J. economic impact of cybercrime [R]. https://www.csis.org/analysis/economic-impact-cybercrime,2018.

[91] PITA J,JAIN M,MARECKI J, et al. Deployed ARMOR protection: the application of a game theoretic model for security at the Los Angeles International Airport. Proceedings of the 7th inter-

national joint conference on Autonomous agents and multiagent systems[C]. Portugal:ACM, 2008:125-132.

[92] PITA J,TAMBE M,KIEKINTVELD C, et al. GUARDS: game theoretic security allocation on a national scale. The 10th International Conference on Autonomous Agents and Multiagent Systems [C]. Taiwan:ACM, 2011:37-44.

[93] TSAI J,KIEKINTVELD C,ORDONEZ F, et al. IRIS-a tool for strategic security allocation in transportation networks. 8th International Conference on Autonomous Agents and Multiagent Systems[C]. 2009,vol2:1327-1334.

[94] SHIEH E,AN B,YANG R, et al. PROTECT: An application of computational game theory for the security of the ports of the united states. 21th International Conference on Artificial Intelligence[C]. Canada:AAAI Press, 2012,26(1):2173-2179.

[95] ISMAIL Z, LENEUTRE J, BATEMAN D, et al. A game theoretical analysis of data confidentiality attacks on smart-grid AMI[J]. Selected Areas in Communications, IEEE Journal on, 2014, 32(7): 1486-1499.

[96] ZHANG M,ZHENG Z,SHROFF N, A game theoretic model for defending against stealthy attacks with limited resources. In ternational coroference on Decision and Game Theory for Security[C], M.H.R. Khouzani, E. Panaousis, and G. Theodora kopoulos, Editors. 2015, Springer International Publishing. p. 93-112.

[97] CHEN L,LENEUTRE J. A game theoretical framework on intrusion detection in heterogeneous networks. Information Forensics and Security[J], IEEE Transactions on, 2009, 4(2): 165-178.

[98] KIEKINTVELD C,JAIN M,TSAI J, et al. Computing optimal randomized resource allocations for massive security games. Proceedings of The 8th International Conference on Autonomous Agents and Multiagent Systems[C]. Hungary:ACM,2009:689-696.

[99] YANG R,KIEKINTVELD C,ORDONEZ F, et al. Improving resource allocation strategy against human adversaries in security games. IJCAI Proceedings of International Joint Conference on Artificial Intelligence[C]. Spain:ACM, 2011:458.

[100] NGUYEN T H,YANG R,AZARJA A, et al. Analyzing the effectiveness of adversary modeling in security games. 24th International Conference on Artificial Intelligence[C]. USA:AAAI Press,2013.

[101] YIN Y,XU H,GAIN J, et al. Computing optimal mixed strategies for security games with dynamic payoffs. Proceedings of the 24th International Conference on Artificial Intelligence[C]. Argentina:AAAI Press,2015:681-687.

[102] SCHLENKER A, et al. Don't bury your head in warnings:a game-theoretic approach for intelligent allocation of cyber-security alerts. Proceedings of the 26th International Joint Conference on Artificial Intelligence[C]. Melbourne, Australia: AAAI Press, 2017: 381-387.

[103]DUNSTATTER N,GUIRGUIS M,TAHSINI A. Allocating security analysts to cyber alerts using Markov games. National Cyber Summit[C]. 2018: 16-23.

[104] YAN C, et al. Get your workload in order: game theoretic prioritization of database auditing. 2018 IEEE 34th International Conference on Data Engineering (ICDE)[C]. 2018:1304-1307.

[105] SCHLENKER A, et al. Deceiving cyber adversaries: a game theoretic approach. Proceedings of the 17th International Conference on Autonomous Agents and MultiAgent Systems[C]. Stockholm, Sweden: International Foundation for Autonomous Agents and Multiagent Systems, 2018: 892-900.

[106] 张恒巍,李涛,黄世锐. 基于攻防微分博弈的网络安全防御决策方法[J]. 电子学报, 2018,46(6):1428-1435.

[107] 张恒巍,黄世锐. Markov微分博弈模型及其在网络安全中的应用[J]. 电子学报, 2019, 47(3):606-612.

[108] 张恒巍,黄健明. 基于Markov演化博弈的网络防御策略选取方法[J]. 电子学报, 2018, 46(6):1503-1509.

[109] 黄健明,张恒巍. 基于随机演化博弈模型的网络防御策略选取方法[J]. 电子学报, 2018,46(9):2222-2228.

[110] 蒋侣,张恒巍,王晋东. 基于信号博弈的移动目标防御最优策略选取方法[J]. 通信学报, 2019,40(6):128-137.

[111] TAN J L, et al. Optimal strategy selection approach to moving target defense based on Markov robust game[J]. Computers & Security, 2019,85:63-76.

[112] ZHANG Y, LIU J. Optimal decision-making approach for cyber security defense using game theory and intelligent learning [J]. Security and Communication Networks, 2019, 2019:3038586.

[113] 刘景玮,等. 基于网络攻防博弈模型的最优防御策略选取方法[J]. 计算机科学, 2018, 45(6):117-123.

[114] 张利彪,周春光,马铭,等. 基于粒子群算法求解多目标优化问题[J]. 计算机研究与发展, 2004(7):1286-1291.

[115] 项菲,刘川意,方滨兴,等. 新的基于云计算环境的数据容灾策略[J]. 通信学报,2013 (6):92-101.

[116] 刘伟杜,石飞燕,位凯志. 一种基于访问成本和传输时间的副本选择方法[P]. 2011. CN201110151223.4.

[117] WIBOONRAT M, KOSAVISTUTTE K. Optimization strategy for disaster recovery. 4th IEEE International Conference on Management of Innovation and Technology[C]. Thailand: IEEE, 2008:675-680.

[118] 钟睿明,刘川意,王春露,等. 一种成本相关的云提供商数据可靠性保证算法[J]. 软件学报,2014,25(8):1874-1886.

[119] WOOD T, CECCHET E, RAMAKRISHNAN K K, et al. Disaster recovery as a cloud service: economic benefits & deployment challenges[J]. HotCloud, 2010, 10:8-15.

[120] VALERIO V D, CARDELLINI V, PRESTI F L. Optimal pricing and service provisioning strategies in cloud systems: a Stackelberg game approach. Cloud Computing, 2013 IEEE Sixth Inter-

national Conference on[C]. US:ACM,2013:115-122.

[121] 陶军,吴清亮,吴强. 基于非合作竞价博弈的网络资源分配算法的应用研究[J]. 电子学报,2006,(2):241-246.

[122] JIANG Y,CHEN S Z,HU B. Stackelberg games-based distributed algorithm of pricing and resource allocation in heterogeneous wireless networks[J]. Journal of China Institute of Communications,2013, 34(1):61-68.

[123] U. of California, "Dataset:Kdd cup 1999 data"[DS]. http://kdd.ics.uci.edu/dlatabases/kddcup99/kddcup99.html.

[124] TAVALLAEE M, et al. A detailed analysis of the KDD CUP 99 data set. IEEE symposium on computational intelligence for security and defense applications[C]. IEEE, 2009:1-6.

[125] MOUSTAFA N, SLAY J. UNSW-NB15:a comprehensive data set for network intrusion detection systems (UNSW-NB15 network data set). military communications and information systems conference (MilCIS)[C]. IEEE, 2015:1-6.

[126] SHARAFALDIN I, LASHKARI A H,GHORBANI A A. Toward generating a new Intrusion Detection Dataset and Intrusion Traffic Characterization. International Conference on Information Systems Security & Privacy[C]. 2018:108-116.

[127] Credit card fraud dataset[DS]. 2013.

[128] NASA, Metric data program mdp[DS]. 2004.

[129] OLINER A,STEARLEY J. What Supercomputers say:a study of five system Logs. 37th Annual IEEE/IFIP International Conference on Dependable Systems and Networks (DSN'07)[C]. 2007:575-584.

[130] Mell P, Grance T. The NIST definition of cloud computing. National Institute of Standards and Technology. 2009, 53(6):50.

[131] WONG W E, et al. Effective software fault localization using an RBF neural network[J]. IEEE Transactions on Reliability, 2011, 61(1):149-169.

[132] TANG Y, et al. Nodemerge:template based efficient data reduction for big-data causality analysis. Proceedings of the 2018 ACM SIGSAC Conference on Computer and Communications Security[C]. 2018:1324-1337.

[133] NLP 之一文搞懂 word2vec、Elmo、Bert 演变,2021,https://blog.csdn.net/anapple00/article/details/117352252.

[134] 罗伯特·吉本斯. 博弈论基础[M]. 北京:中国社会科学出版社,1999.

[135] SIMON H A. A behavioral model of rational choice[J]. The quarterly journal of economics. 1955:99-118.

[136] SIMON H A. Rationality as process and as product of thought[J]. The American economic review. 1978, 68(2):1-16.

[137] TVERSKY A,KANHNEMAN D. Advances in prospect theory:cumulative representation of uncertainty[J]. Journal of Risk and uncertainty, 1992,5(4):297-323.

[138] MCKELVEY R D,PALFREY T R. Quantal response equilibria for normal form games[J].

Games and Economic Behavior, 1995,10(1):6-38.

[139] Fischhoff B, Goitein B, Shapira Z. Subjective Expected Utility: A Model of Decision-Making [J]. Journal of the American Society for Information Science. 1983, 16(32): 391-399.

[140] LIU X,DI X Q,LIU W Y, et al. NADSR: A network anomaly detection scheme based on representation,The 13th International Conference on Knowledge Science, Engineering and Management-vol12274[C]. 2020:380-387.

[141] ABDULHAMMED R, et al. Deep and machine learning approaches for anomaly-based intrusion detection of imbalanced network traffic[J]. IEEE Sensors Letters, 2018,3(1):1-4.

[142] THOMAS C. Improving intrusion detection for imbalanced network traffic[J]. Security and Communication Networks, 2013. 6(3):309-324.

[143] HE H,GARCIA E A. Learning from imbalanced data[J]. IEEE Transactions on Knowledge and Data Engineering, 2009,21(9):1263-1284.

[144] LIU X,DI X Q,DING Q,et al. NADS-RA: Network Anomaly Detection Scheme Based on Feature Representation and Data Augmentation[J]. IEEE Access, vol. 8, pp. 214781-214800, 2020, doi: 10. 1109/ACCESS. 2020. 3040510.

[145] MAO X, et al. Least squares generative adversarial networks. Proceedings of the IEEE International Conference on Computer Vision[C]. 2017: 2794-2802.

[146] LEMAÎTRE G,NOGUEIRA F,ARIDAS C K. Imbalanced-learn: a python toolbox to tackle the curse of imbalanced datasets in machine learning[J]. Journal of Machine Learning Research, 2017,18(1):559-563.

[147] TOMEK I. An Experiment with the edited nearest-neighbor rule[J]. IEEE Transactions on Systems, Man, and Cybernetics, 1976. SMC-6(6):448-452.

[148] G. E. A. P. A. Batista,PRATI R C,MONARD M C. A study of the behavior of several methods for balancing machine learning training data[J]. ACM SIGKDD Explorations Newsletter, 2004,6(1):20-29.

[149] FIORE U, et al. Using generative adversarial networks for improving classification effectiveness in credit card fraud detection[J]. Information Sciences, 2019,479:448-455.

[150] GRAY D, et al. Reflections on the NASA MDP data sets[J]. IET Software, 2012,6(6):549-558.

[151] LIU W Y,LIU X,DI X Q,et al. FastLogSim: A quick log pattern parser scheme based on text similarity,The 13th International Conference on Knowledge Science, Engineering and Managemen[C]. t-vol 12274. 2020;211-219.

[152] XU W. System problem detection by mining console logs[D]. UC Berkeley, 2010.

[153] PRATO G, et al. Towards lossless encoding of sentences. 57th Annual Meeting of the Association for Computational Linguistics[C], 2019:1577-1583.

[154] LIU X,LIU W Y,DI X Q,et al. LogNADS: network anomaly detection scheme based on semantic representation[J]. Future Generation Computer Systems,2021,124:390-405.

[155] HE P, et al. Towards automated log parsing for large-scale log data analysis[J]. IEEE Trans-

actions on Dependable and Secure Computing, 2017,15(6):931-944.

[156] TIAN C, et al. Improving word representation with word pair distributional symmetry. International Conference on Cyber-Enabled Distributed Computing and Knowledge Discovery (CyberC)[C]. 2018: 72-723.

[157] YANG J, WANG L, XU Z. A novel semantic-aware approach for detecting malicious web traffic. International Conference on Information and Communications Security[C]. Springer, 2017: 633-645.

[158] KAR D, et al. "A Game of Thrones" When human behavior models compete in repeated stackelberg security games. Proceedings of the 2015 International Conference on Autonomous Agents and Multiagent Systems[C]. 2015: 1381-1390.

[159] LIU X, et al. Response to multiple attack behaviour models in cloud computing. International Conference on Advanced Hybrid Information Processing[C]. Springer, 2017: 489-496.

[160] KANAZAWA T, USHIO T, YAMASAKI T. Replicator dynamics of evolutionary hypergames [J]. IEEE Transactions on Systems, Man, and Cybernetics-Part A: Systems and Humans, 2006,37(1):132-138.

[161] GU Y, WANG D, LIU C. DR-Cloud:multi-cloud based disaster recovery service[J]. Tsinghua Science and Technology,2014, 19(1): 13-23.

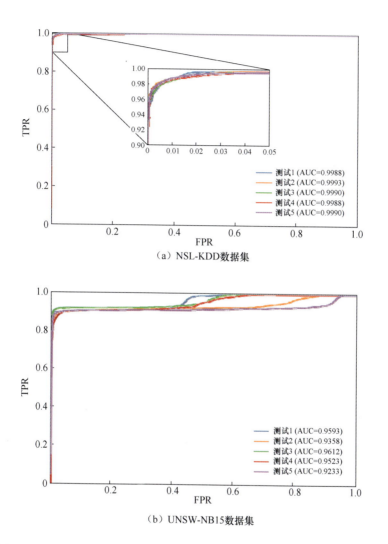

图 3-13 NSL-KDD 和 UNSW-NB15 数据集上的 5 折交叉验证分类 ROC 曲线

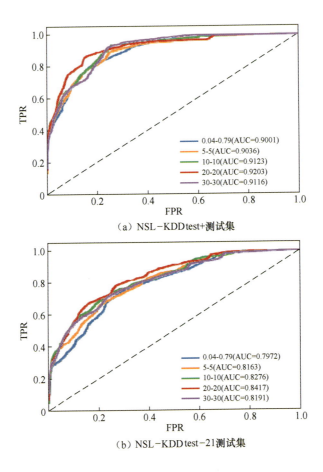

(a) NSL-KDDtest+测试集

(b) NSL-KDDtest-21测试集

图 3-21　不同比例(U2R-R2L)的 NSL-KDD 数据集上多分类的 ROC 曲线

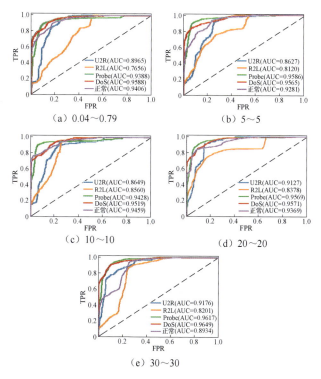

图 3-22 NSL-KDD test+测试集上各个类别的检测 ROC 曲线

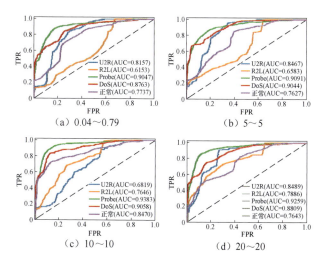

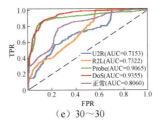

（e）30～30

图 3-23　NSL-KDD test-21 测试集上各个类别的检测 ROC 曲线

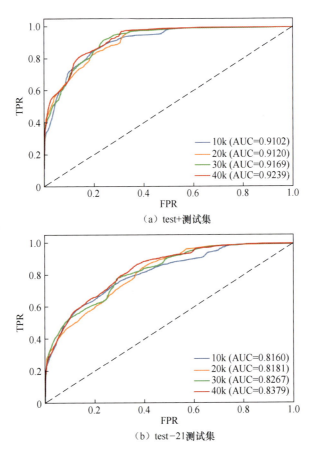

（a）test+测试集

（b）test-21测试集

图 3-24　不同规模的 NSL-KDD 训练集上多分类的 ROC 曲线

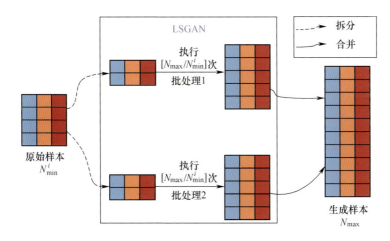

图 3-26 数据生成方案

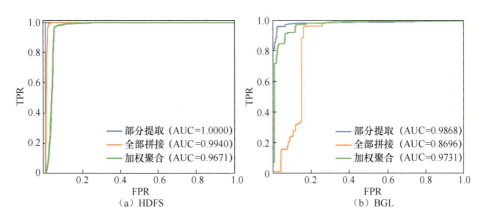

图 4-11 语义表示方法的 ROC 曲线

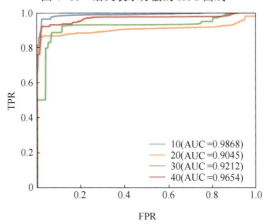

图 4-13 BGL 数据集上不同序列长度的检测 ROC 曲线

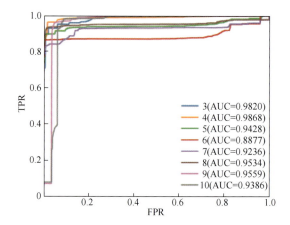

图 4-15　BGL 上不同事件长度的 ROC 曲线

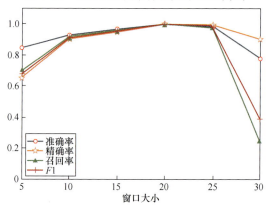

图 4-23　不同滑动窗口模型指标

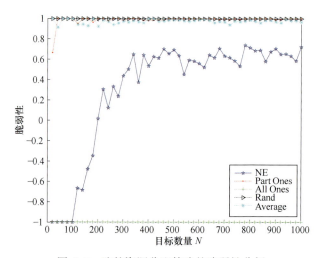

图 6-3　防护资源分配策略的脆弱性分析

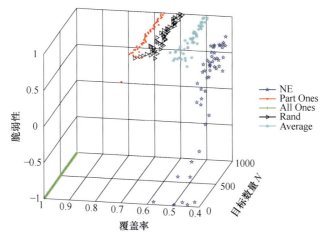

(a)脆弱性、覆盖率与目标数量

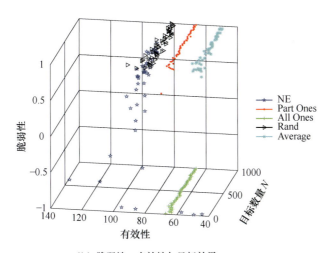

(b)脆弱性、有效性与目标效果

图 6-6　评估指标的综合对比

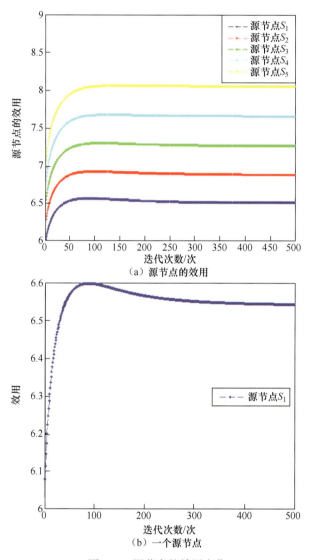

图 7-2 源节点的效用变化